KB024120

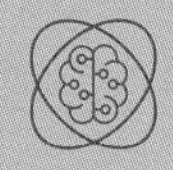

SUPERINTELLIGENCE

지능 전쟁

김일선 지음

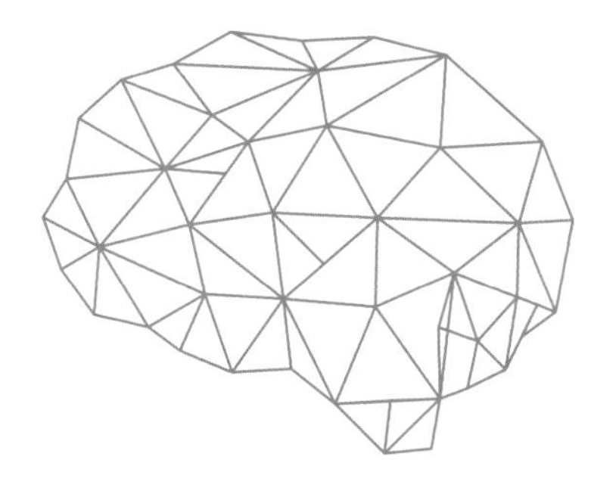

PROLOGUE

21세기 파우스트의 미래

운전을 하는 사람들에게 내비게이션은 필수가 되었다. 자동차로 이동하기 전에는 으레 목적지까지 거리가 얼마인지, 어느 정도 시간이 걸릴지, 어떤 길로 가면 혼잡을 피할 수 있을지 내비게이션 앱을 이용해서 미리 확인한다. 내비게이션 앱은 시간이 적게 걸리는 경로, 거리가 짧은 경로, 통행료가 적은 경로 등을 상세하게 알려준다. 정말 편리한 기능이다.

내비게이션이 이런 정보를 제공하기 위해서는 다양한 종류의 데이터가 필요하다. 목적지까지 가는 도로망 지도를 비롯해 출발지에서 목적지까지의 거리, 실시간 구간별 통행량, 공사나 사고 발생 여부 등을 토대로 결과를 찾아낸다. 이런 정보들은 대부분 스마트폰 내부에 들어 있지 않으므로 외부에서 받아와야 한다. 그 정보들은 어떻게 생성될까? 어디선가 끊임없이 내비게이션으로 확인할 수 있는 모든 도로의 교통량을 측정하고 예측하며 도로 상황을 파악해 그 정보를 스마트폰 앱에서 활용할 수 있는 형태로 배포하고 있다.

한마디로 도시 곳곳에서 입수된 다양한 데이터가 정해진 곳으로 모이고 수많은 사용자의 요구에 부합하는 정보로 처리되어 스마트폰에 제공되는 것이다. 스마트폰은 그 정보를 활용해 사용자가 원하는 형태로 가공해서 보여줄 뿐이다. 이 과정에는 수많은 사용자를 대상으로 하는 대량의 데이터를 처리하고 고속으로 전송할 수 있는 기반시설이 필요한데, 이때 최신 이동통신망과 사물인터넷, 인공지능이 활약한다. 내비게이션 앱 하나만 보아도 지금이 첨단 기술이 곳곳에 녹아들어 편리함을 제공하는 스마트 사회임이 잘 드러난다.

그러나 세상에 공짜는 없다. 사용자들은 사실 자신이 어떤 데이터를 내비게이션 서비스 제공자에게 주고 있는지 정확하게 모른다. 물론 그저 출발지와 목적지 정보만 주었다고 생각하면 속편할 수도 있다. 정교한 내비게이션 안내를 위해 내가 언제 어디서 출발해서 어디까지 갔는가의 정보를 제공하는 건 불가피하다. 하지만 내비게이션 서비스 제공자는 나뿐만 아니라 수많은 사람들의 이동 패턴 정보를 확보한다. 그 정보는 공짜로 길안내를 해주고도 아쉬울 게 없을 만큼 부가가치가 높은 데이터가 된다. 건물이나 시설을 지을 때 해당 지역의 유동 인구를 파악하는 것은 중요하다. 그 데이터가 건강에 관한 것이라면 보험회사에게는 더할 나위 없이 유용하다. 다이어트에 관해 자주 검색을 하다 보면 어느샌가 운동이나 다이어트 식품에 관한 광고가 부쩍 눈에 띈다는 것은 누구나 경험해봤을 것이다. 제품을 홍보하고 싶은 사람에게 가장 확실한 타깃을 맞춤으로 찾아주는 서비스에 기업은 기꺼이 돈을 지불한다.

이렇게 사람들은 공짜로 제공되는 서비스를 이용해 편리함을 얻는 대신 자신의 정보를 내어주고 있다. 독일의 문호 괴테가 쓴 『파우스트』에서 악마 메피스토펠레스는 절망에 빠진 파우스트에게 매혹적인 거래를 제안한다. 그의 종이 되어 원하는 것은 무엇이든 해줄 테니 나중에 만족하게 되면 파우스트 역시 자신의 종이 되라는 것이다. 파우스트는 제안을 받아들이고 젊음과 사랑을 누리지만 그 대가로 자신이 무엇을 제공하게 될지 모른다. 지금 스마트폰을 들고 있는 우리의 모습이 파우스트와 겹쳐 보이는 것은 왜일까?

도시와 사회 곳곳에서 각종 데이터를 수집하고(사물인터넷), 전송하고(통신), 처리하고(인공지능), 활용하는(스마트시티) 세상은 다가올 미래가 아니라 이미 와 있는 현재다. 아직까지 열리지 않은 활용 분야들은 나날이 확대될 것이다. 여기에는 앞으로 나에게 편리함을 주는 것들이 늘어날 테고 내가 제공할 정보도 늘어날 거라는 의미가 내포되어 있다. 편리해져서 즐거울 수도 있고 뭔가 오싹할 수도 있다. 단언컨대 둘 중 하나일 리는 없다.

마케팅이나 광고에서 종종 얼리 어댑터early adopter라는 표현을 쓴다. 에버렛 로저스Everett Rogers가 새로운 혁신이 일어났을 때 이를 받아들이는 속도에 따라 사람들을 다섯 가지로 분류한 혁신확산이론에서 나온 말이다. 얼리 어댑터는 신기술이나 신상품을 하루라도 빨리 받아들이려는 사람들로 전체 인구의 약 13.5퍼센트 정도다. 기업의 입장에서 얼리 어댑터는 조금 더 값을 치르더라도 신제품을 맨 먼저 구입하려는 사람들이므로 주요한 공략 대상이다. 이 사람들의 반응을 나머지 사람들이 어떻게 바라보는가에 따라 판매 추이를 가늠할 수도 있다.

모든 종류의 혁신(커다란 변화)이 일어날 때도 얼리 어댑터가 등장한다. 새로운 기술로 사회가 급속하게 변할 때도 마찬가지다. 모두가 스스로 얼리 어댑터가 될 필요는 없지만 최소한 가장 먼저 새로운 기술을 경험하고 사회의 변화에 민감하게 반응하는 얼리 어댑터의 반응에 주목할 필요가 있다. 신제품 구입이야 놓쳐도 살아가는 데 지장이 없다손 쳐도 세상이 혁명적으로 변화하는데 넋 놓고 있다가는 순식간에 시대착오적인 사람이 되기 십상이다.

디지털 세상과 현실 세계가 네트워크로 연결되면서 세상은 데이터의 측정과 수집, 처리가 대규모로 신속하게 이루어지는 초연결 사회로 나아가고 있다. 인공지능과 사물인터넷이 만드는 스마트시티는 필연적으로 사람들의 관계도 변화시킬 것이다. 물론 그 변화를 섣불리 예단할 수는 없다. 이 불확실한 미래와 맞닥뜨린 지금, 무엇을 어떻게 해야 할까? 악마와 거래했던 파우스트는 결국 혹독한 대가를 치른다. 하지만 그의 본성에 내재되어 있던 지적 욕구와 실행력이 나락의 끝에서 그를 구원한다. 200여 년 전 파우스트가 가졌던 그 본성은 지금 우리들에게도 있다. 아무것도 모른 채 그저 세상이 변화하는 대로 휩쓸려가거나 손쓸 새도 없이 상대적 불이익을 당하는 것은 피하고 싶을 것이다. 그러려면 최소한 마주한 세계의 내막을 알아야 한다. 이제부터 익숙하고도 낯선 세상의 복잡한 구조 안으로 들어갈 것이다. 이 책이 여러분을 목적지까지 잘 안내하면 좋겠다.

차례

CHAPTER 2　지능 만들기

CHAPTER 3　지능 폭발

CHAPTER 4 초연결 사회

CHAPTER 5 스마트시티로 가는 길

CHAPTER 6 불확실성 너머

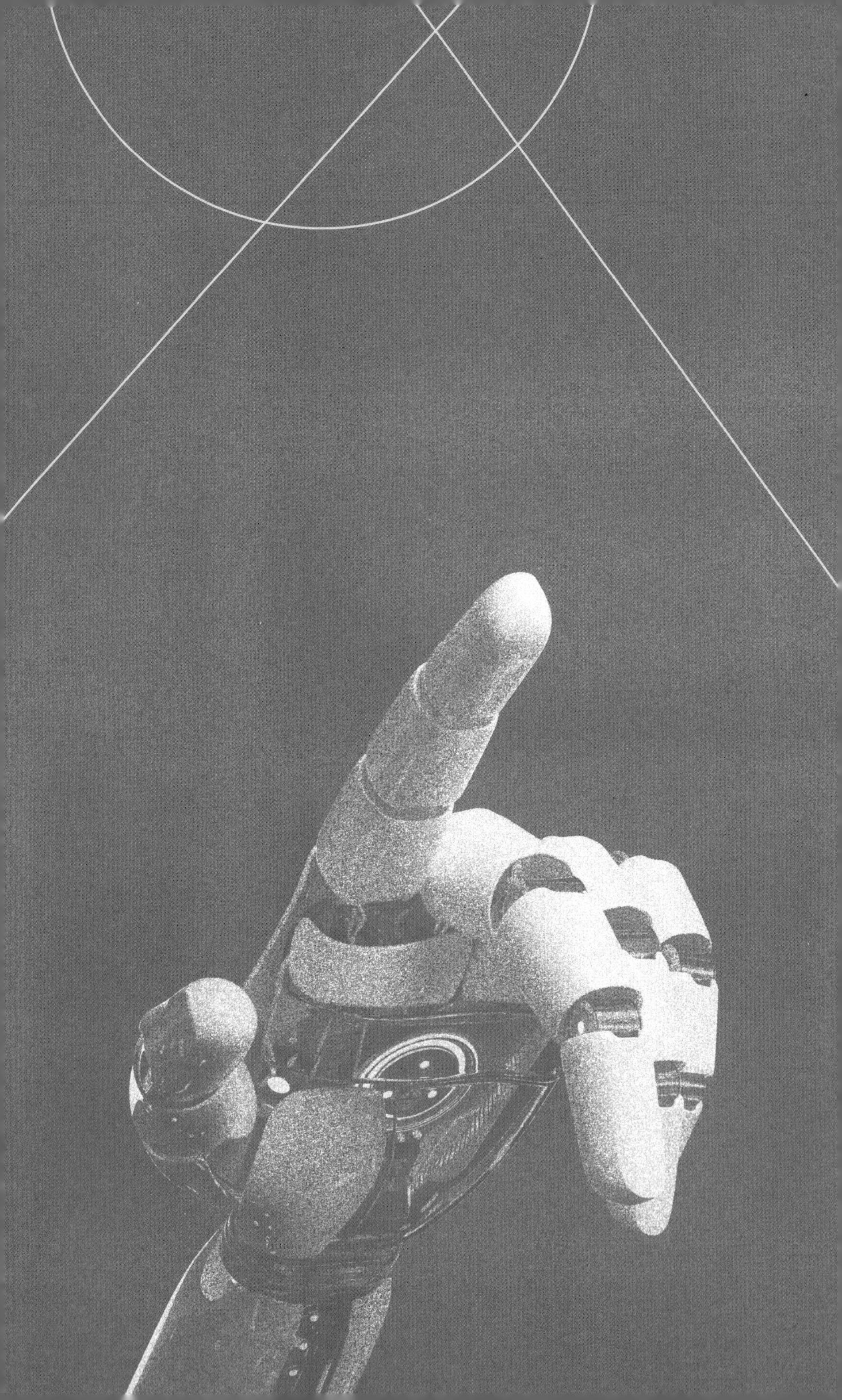

CHAPTER 1

진짜 가짜, 가짜 진짜

너는 누구냐

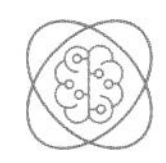

넷플릭스

오늘날 영화를 상영하는 극장의 가장 큰 경쟁자는 온라인 스트리밍 서비스다. 스마트폰을 비롯해 휴대용 컴퓨터나 콘솔 게임기 같은 휴대용 장치들이 널리 보급되면서 '셋톱박스' 없이 다양한 플랫폼에서 콘텐츠를 볼 수 있는 OTT Over The Top 서비스가 생겨났다. 넷플릭스Netflix는 OTT 서비스의 세계적 확산을 이끌며 엔터테인먼트산업의 판도를 뒤흔들었다. 온라인 스트리밍 서비스끼리도 경쟁이 치열해서 비즈니스가 성공하려면 고객이 보고 싶어 하는 영화를 쉽게 찾을 수 있고 고객이 좋아할 만한 드라마를 적절하게 추천해주어야 한다.

넷플릭스는 2006년부터 3년간 본격적으로 OTT 서비스를 제공하기 위해 추천 시스템을 혁신하고자 했다. 고객에게 잘 알려지지 않은 콘텐츠 중에서 고객이 좋아할 만한 추천작을 노출시키는 서비스를 획기적으로 개선할 방법을 모색한 넷플릭스는 상당한 상금을 내건 뒤 경쟁 방식으로 콘텐츠 추천 시스템을 공모했다.

많은 참가자들이 쇄도했고 대부분은 각 콘텐츠마다 개요를 정리하고 고객의 특성을 분석한 뒤, 둘 사이에 공통점이 많은, 고객에게 잘 맞을 것으로 생각되는 작품을 추천하는 방향으로 시스템을 개선했다. 예를 들어 영화 〈월터의 상상은 현실이 된다〉를 추천한다면 미국 영화로 분류하고, 코미디라면 우스운 정도의 수준을 표현하고, 출연 배우의 매력도는 얼마나 되며, 내용의 복잡도는 어느 정도인지 등에 대한 평점을 확보한다. 그리고 고객의 취향과 이 정보를 맞춰보는 식이다.

이 방식은 데이터베이스만 만들면 이후의 선택 작업은 기계적이고 단순한 일이 된다. 여기까지는 누구나 직관적으로 상상할 수 있는 것이어서 이렇게 해서는 기존 시스템과 차별화되는 추천 시스템을 만들어내기가 힘들다.

그러나 인공지능을 이용한 시스템에서는 조금 다른 방식으로 접근이 이루어진다. 예를 들어 영화 〈월터의 상상은 현실이 된다〉를 좋아하는 사람이 〈시그널〉, 〈마션〉, 〈포레스트 검프〉라는 콘텐츠를 좋아한다면 네 작품에 공통되는 특성 항목을 인공지능이 새로 만들어낸다. 그리고 〈마이클 조던: 더 라스트 댄스〉라는 다큐멘터리를 추천한다. 이때 만들어지는 특성은 사람이 보아서는 무슨 의미인지 이해하기 힘들다. 왜 영화도 아니고 코미디도 아닌 다큐멘터리를 추천했는지 이유를 알 수 없다는 것이다.

고객도 자신이 좋아하는 작품들임에도 불구하고 공통점이 별로 없어 보이는 콘텐츠들 사이에서 어떤 특성을 뽑아낸 건지 유추하기 어렵다. 〈시그널〉도 좋아하고 〈마션〉도 좋아하고 〈포레스트 검프〉도 좋아하는 나의 영화 취향에 대체 어떤 특성이 있다는 것일까? 하지만 뭐가 어떻게 되는 건지 몰라도 〈마이클 조던: 더 라스트 댄스〉는 고객의 취향을 제대로 저격한다. 이렇게 개발된 시스템에 대해 넷플릭스는 당연히 흡족해했다.

그러나 사람이 사는, 살아온 세계는 모두가 만족하니까 좋은 게 좋은 거지라는 식으로 움직이지 않는다. 어느 사회나 결과뿐 아니라 명분도 필요하다. 병에 걸렸는데 무엇인지 정체는 모르겠으나 아무튼 먹으면 병이 낫는 약이 있다고 하자. 이 약을 원하는 사람이 아무리 많아도 보건당국에서 의약품 허가를 내주진 않는다. 지금까지 사회를 움직여온 방식은 원리를 모르는데 결과만 보고 방법을 적용하는 식이 아니었다. 그러나 인공지능은 이를 한방에 뒤집어버리고 동시에 고민을 안겨주었다. 무엇을 어떻게 하는지 모르겠는데 신기하게도 좋은 결과를 내는 해결사가 등장한 것이다.

이와 유사한 또 다른 사례도 있다. 미국의 한 은행에서 대출심사에 사용할 신용평가 시스템의 개발을 의뢰받은 연구자가 인공지능을 이용해서 시스템을 개발했다. 시스템의 성능은 좋았다. 그런데 은행 측이 개발자에게 이 시스템이 판단에 사용하는 지표의 의미를 설명해 달라고 하자 문제가 생겼다. 개발자로서는 시스템의 최종 성능과는 아무 관련도 없는 지표를 설명하라는 요구이므로 당혹스러운 일이었지만, 은행 입장에서는 대출을 거부할 때 거절 사유를 밝혀야 하므로 지극히 타당한 요구를 한 것이었다.

"저희 은행의 인공지능 평가 시스템이 당신의 신용을 평가해보니 X값이 0.5보다 작아서 대출을 해드릴 수 없습니다"라고 이야기해야 하는 경우를 생각해보자. 그런데 X는 인공지능이 새롭게 설정한 특성이어서, 이것의 의미가 무엇인지는 은행도 개발자도 모른다. 아무리 성능이 뛰어난 시스템이라 해도 과연 도입할 수 있을까?

사실 넷플릭스에서 콘텐츠 추천 서비스를 받는 고객이나 은행에서 대출심사를 받는 고객 모두 자신에게 서비스를 제공해주는 시스템의 정체는 중요하지 않다. 고객 입장에서는 만족스러운 서비스를 받으면 그만이다. 서비스 제공자가 사람인지 혹은 인공지능인지는 관심사가 아니다. 온라인 스트리밍 서비스와 은행은 전혀 다른 분야지만 양쪽 모두에서 지금껏 보지 못한 뛰어난 능력을 발휘하는 직원이 등장한 것이다.

인공지능이라고 불리는 이 직원은 어느 분야로든 진출할 준비가 되어 있을뿐더러 채용하겠다는 곳도 많다. 넷플릭스는 큰 비용을 감수하면서도 기꺼이 이 지원자를 채용했고, 안타깝게도 은행은 그를 채용하고 싶어도 할 수 없었던 것뿐이다. 아마도 이 은행의 대출심사팀 직원들은 안도의 한숨을 쉬었겠지만 앞으로도 인공지능이 새로운 일자리를 찾는 데는 어려움이 전혀 없을 것 같다.

이미테이션 게임

2차 세계대전 때 연합군이 독일군의 암호를 해독하는 데 결정적 역할을 했던 영국의 수학자 앨런 튜링Alan Turing은 인공지능의 세계에선 그야말로 선구자였다. 천재라는 어휘 자체가 '지극히 소수'에 속함을 의미하지만 천재 튜링은 수학, 논리학, 암호학, 컴퓨터 과학 등 다양한 방면에서 출중한 능력을 보여주었다.

그가 남긴 업적 중에서 인공지능과 관련해 일반적으로 가장 많이 알려진 것은 아마도 튜링 테스트일 것이다. 인공지능을 이야기하려면 인간의 지능이 무엇인가를 먼저 정의해야 하는데 튜링이 지적했듯이 '생각'한다는 개념 자체가 정의하기 힘들다. 그래서 그는 기계가 '생각'하는지 알아보는 대신 '기계가 생각을 한다면 할 수 있는 행동'을 파악하는 방법을 제시했다. 1950년에 그가 내놓은 이 아이디어는 지금도 여전히 위력을 발휘한다.

튜링 테스트는 2명의 응답자와 1명의 질문자 사이의 대화

지금까지 '컴퓨터 과학의 아버지'라고 불릴 정도로 천재성을 보여준 수학자 앨런 튜링. 뛰어난 능력에도 불구하고 동성애자에 대한 당시의 사회적 편견으로 인해서 비극적으로 생을 마감했다는 건 너무나도 안타까운 일이다.

로 이루어진다. 응답자 중 한 명은 인간, 다른 한 명은 인공지능이다. 질문자가 이들 두 명과 글로 대화를 나누면서 어느 쪽이 인공지능인지 알아낼 수 없으면 이 인공지능이 상황에 맞추어 완벽하게 인간을 흉내 낸 것으로 본다. 일종의 지능 자격증 취득시험인 셈이다. 애초에 튜링은 이 테스트를 '이미테이션 게임'이라고 불렀다.

튜링이 이 테스트에서 가정했던 인공지능이 오늘날 챗봇chat-bot이라고 불리는 대화형 인공지능의 형태라는 점은 매우 흥미롭다. 글로 대화를 주고받는 이유는 당시 그 외 입력 방법이 없었기 때문이고, 음성인식이나 음성합성이 실용화된 지금도 상황은 별다르지 않다. 튜링의 목적은 기계가 지능을 갖고 있는지 판단하는 것이었으므로 기계와의 의사소통 방법은 중요하지 않았다.

튜링 테스트가 인공지능의 수준을 판단하는 기준이기는 하나 이 테스트를 통과한 인공지능이 인간 수준의 지능을 가졌다고 볼 수는 없다. 이 시험에는 '(정상적인) 사람이라면 보편적으로 가능한 대화의 수준이 존재한다'라는 전제가 깔려 있는데, 사람들 사이에서도 보편적으로 정상이라 할 수 없는 답변을 내놓는 경우가 있다. 더군다나 지능이 대화를 통해서만 표현되는 것도 아니다. 일반적으로 생각하는 '정상적인 사람'이란 개념이 모호하기 때문에 그 모호함은 이 주제를 컴퓨터 과학보다는 철학으로 이끌게 된다.

튜링이 생각했던 챗봇은 문자를 통한 대화뿐 아니라 음성 대화의 방식으로 실생활에 깊숙하게 들어와 있다. 이미 많은 기업 웹사이트의 대화형 고객 서비스가 챗봇에 의해 이어진다. 또한 스마트폰에 탑재된 구글 어시스턴트나 애플의 시리Siri를 비롯한 다양한 대화형 서비스가 상용화되었다. 성능을 떠나서 많은 사람들은 그저 재미로도 음성인식 챗봇과 대화를 나누며 시간을 보내기도 하는데, 이는 대화형 인공지능이 상당한 수준에 이르렀기 때문이다. 물론 이런 기기가 만들어내는 음성의 부자연스러움 때문에 곧바로 사람이 아님을 눈치챌 수 있지만 이들과의 대화를 글로만 한다고 가정해본다면 상당히 사람에(몹시 정중하면서도 이따금 엉뚱한) 가까워졌음을 느낄 수 있다. 그렇다고 현재 일상에서 유용하게 사용하는 챗봇들이 튜링 테스트를 통과한 건 아니다.

운전할 때 목적지를 찾아달라거나 TV 채널, 날씨 질문 등에 응답하는 기계 음성이 반드시 사람과 구별할 수 없을 정도로 흡사해야 할까? 오히려 너무 사람 같으면 더 어색하게 느껴지기도 한다. 이렇게 사람의 행동을 따라하는 로봇을 보며 흥미로워하던 사람도 거의 흡사한 수준에 이른 로봇을 보면 오히려 불쾌감을 느끼게 되는 지점을 '불쾌한 골짜기uncanny valley'라고 한다.

2019년 국제 학술지 『신경과학지Journal of Neuroscience』에는 불쾌한 골짜기와 관련된 뇌의 영역을 연구한 논문이 발표되었다. 사람들에게 산업용 로봇, 마네킹, 휴머노이드를 보여주었을 때는 호감을 보이다가도 인간과 흡사한 안드로이드를 보여주자 호감을 느끼던 뇌의 영역이 줄어드는 것을 확인한 것이다. 이런 현상은 실사로 제작한 〈라이온 킹〉과 〈캣츠〉를 본 관객들의 반응에서도 나타난다. 만화나 뮤지컬이었을 때는 어색하지 않았던 동물 주인공들이 뛰어난 시각효과 기술 덕분에 실제 사람과 흡사하게 행동하고 말하는 것처럼 표현되자 강한 거부감이 느껴진다는 반응이 쏟아졌다.

지금의 인공지능이 기술적으로나 대중적으로나 뜨거운 관심을 받는 이유는 인공지능이 상당히 사람처럼 동작하기 때문이다. 가짜는 진짜에 가까울수록 가치를 부여받고 관심을 받게 마련이다. 그러나 대화형 인공지능은 진짜 같아서라기보다는 누구나 가짜인 줄 알기 때문에 불쾌한 골짜기에 들어가지 않아서 마음 편히 활용하고 즐길 수 있는 측면도 있다. 언젠가 정말로 튜링 테스트를 통과하는 인공지능이 등장한다면 빅뉴스가 되겠지만 과연 많은 사람들이 반기게 될지는 미지수다.

어쩌면 튜링 테스트는 인공지능이 얼마나 인간다운지 확인하는 게 아니라 반대로 인간에게 '인간다움'과 '지능'이란 무엇인

튜링 테스트는 인공지능이 얼마나 인간다운지 확인하는 게 아니라
반대로 인간에게 인간다움과 지능이 무엇인지 묻는다.

애니메이션 <라이온 킹>의 심바는 실제 사자라기보다는 만화적으로 표현된 캐릭터라서 말하고 춤추는 게 어색하지 않았다. 반면 실사 영화 <라이온 킹>은 실제 사자와 똑같은 모습의 심바가 영어로 말하는 순간 극장 안에 있던 어른과 아이들 모두 소름이 돋는 공포를 느꼈다고 한다. 일부 사람들이 3D 애니메이션보다 2D 애니메이션을 더 선호하는 현상도 비슷한 경우라고 할 수 있다.

지 고민하게 만드는 철학적 질문으로서 더 의미 있는 것인지도 모른다. 튜링 자신은 한 번도 자신이 철학자라고 이야기한 적이 없지만 그가 이미테이션 게임을 제안한 논문「Computing Machinary and Intelligence」이 철학계에서 가장 많이 언급되는 논문 중 하나이듯이 말이다.

화려한 데뷔

인공지능에게 지적 능력을 추월당하지 않을까 우려하던 사람들에게 그나마 안식처가 되어준 곳이 예술이었다. 인간의 감성이라는 심오하고 오묘한 부분을 컴퓨터가 과연 능가할 수 있을까라는 생각은 아직도 많은 사람들의 마음 한 자리를 차지하고 있다. 하지만 그 안식처마저 위태롭게 만드는 일이 벌어졌다.

2017년 11월 뉴욕에서 열린 경매에서 럿거스대학교 출신의 AICAN이라는 작가가 그린 〈용을 물리치는 성 게오르기우스St. George Killing the Dragon〉라는 작품이 1만 6000달러에 낙찰되었다. 성인 게오르기우스[1]는 3세기경에 살았던 고대 로마시대의 인물로 사람을 제물로 바쳐야 했던 용을 죽인 전설로 유명하다. 그를 표현한 그림이나 조각은 오래전부터 다양하게 만들어졌는데 AICAN은 공식적으로 오랜 역사를 가진 작품들의 계보를 잇게 된 것이다.

사실 AICAN의 작품이 미술품 경매에서 처음 공개된 건 아니다. 그의 작품은 세계적 미술 전시회인 아트 바젤Art Basel에도 전시되었는데, 당시 전시회에서 작품을 본 관객들은 대체로 다른 작품들에 비해 전혀 뒤떨어지지 않는다는 반응을 보였다. 뉴욕 경매에 나온 2017년에는 이미 그가 만든 다양한 작품이 프랑크푸르트, 로스앤젤레스, 뉴욕, 샌프란시스코 등에서 순회 전시를 마친

에드먼드 벨라미의 초상(70cm×70cm의 잉크젯 프린트). 벨라미라는 이름은 GAN의 개발자인 이언 굿펠로(Ian Goodfellow)를 프랑스어(bel ami=good friend)로 바꿔 부른 것이다. 작품의 오른쪽 아래에 적힌 사인은 이 인공지능 알고리즘에 쓰인 수식의 일부다. 인공지능 '화가'들은 과거의 화풍을 학습하고, 이를 바탕으로 자신만의 새로운 화풍을 만들어내고 있다.

상태였다.

그의 작품 성향은 기존의 다양한 화풍을 창의적으로 조합해서 새로운 이미지를 창출해내는 것으로 유명했다. 예술의 속성이 결국 기존의 양식을 바탕으로 무엇인가를 만들어내는 것이라는 점을 생각해보면, AICAN은 평가를 떠나서 이미 출중한 화가나 다름없다.

약 1년 뒤인 2018년 10월에는 크리스티 경매에서 〈에드먼드 벨라미Edmond Belamy의 초상〉이라는 자그마한 인물화가 무려 43만 2500달러에 낙찰되었다. 경매가 시작되기 전의 예상 낙찰 가격은 7000달러에서 1만 달러 사이였다. 〈용을 물리치는 성 게오르기우스〉와 〈에드먼드 벨라미의 초상〉 두 작품 사이에는 기묘한 공통점이 있었다.

둘 다 하나같이 붓과 물감을 다루는 일보다는 수학을 더 잘한다는 것이다. 두 작품을 실질적으로 만들어낸 작가는 모두 인공지능이었고 〈에드먼드 벨라미의 초상〉을 그린 작가의 이름은 GAN이었다. GAN은 Generative Adversarial Network의 약자이고 AICAN의 본명은 Artificial Intelligence Creative Adversarial Network다.

사전 지식이 없는 상태에서 GAN과 AICAN의 작품을 보고 인공지능이 만든 것이라고 알아채는 사람은 거의 없었다. 사람이 그린 것과 뚜렷한 차이를 발견하기 어려웠다는 의미다. 하기야 인공지능이 그림을 그린다는 것 자체를 상상하고 있지 않은데 눈앞에 놓인 작품을 보고 '인공지능이 그린 것 같군!'이라고 생각하는 것은 불가능에 가깝다.

두 작품의 사례에서 보듯 벌써 인공지능은 '그저 그림을 그릴 수 있는' 수준을 훌쩍 넘었다. 그림을 전문적으로 그리는 화가의 작품과 구분할 수 없는 수준을 지나 당당히 세계적인 경매에서 거래되는 반열에까지 오른 것이다. 실제 경매에서 매겨진

가격은 어지간한 인간 작가의 수준을 능가했으니 말이다.

또 한 가지 흥미로운 점이 있다. 생각해보면 GAN이나 AICAN이 만들어낸 것도 예술 작품이고, GAN과 AICAN을 예술가로 인정해도 별 거부감이 없을 수 있다. 그러나 이들의 작품 창작 프로세스를 알게 된 다음에도 예술가로 인정할 수 있을까?

AICAN 개발을 지휘한 아흐메드 엘가말Ahmed Elgammal은 럿거스대학교 컴퓨터사이언스학과의 교수다. 그는 '예술과 인공지능 연구소'의 소장인데, 명함에 '예술'이라는 단어가 들어 있기는 하지만 그의 본업이 '예술'이 아니라는 건 쉽게 알아챌 수 있다. 컴퓨터사이언스 학자가 개발한 인공지능이 그린 작품을 권위 있는 미술 전시회나 경매에 출품해 인정받았다는 건 예술가에겐 당혹스러운 일이다. 인공지능이 예술을 만들어내는지 아닌지는 차치하고 예술이 전통적 개념의 예술가의 손에서 조금씩 벗어나고 있는 것은 분명해 보인다.

이런 일들이 어처구니없게 혹은 당혹스럽거나 심지어 불쾌하게 느껴질 수도 있다. 하지만 여기서 중요한 것은 인공지능이 인간만의 고유한 영역이고 기계가 절대로 범접할 수 없다고 느끼던 예술 분야에서 인간과 경쟁을 시작했다는 사실이다.

어떤 면에서는 지능과 예술은 상당히 비슷한 점을 많이 갖고 있다. 꼬집어 이유를 대지는 못해도 누구나 지능이나 예술 같은 건 인간만의 독특한 능력이라는 생각에 토를 달고 싶어 하지는 않는다. 이런 능력은 다른 생명체보다 인간이 우월하다는 확신에 더해 어쩌면 스스로의 지위를 공고히 하는 데 필요한 자만은 아니었을까.

똘똘한 비서

진화론을 주창한 찰스 다윈은 1872년에 출간한 책 『인간과 동물의 감정 표현The Expression of the Emotions in Man and Animals』에서 사람뿐 아니라 동물들도 대체로 몇 가지 감정을 비슷한 방식으로 표현한다고 주장했다. 특히 분노, 공포, 놀람, 불쾌, 행복, 슬픔의 핵심적 6가지 감정을 꼽았다.

인간관계에서 감정 표현은 매우 중요한 수단이다. 누구나 때와 장소에 따라 자신의 감정을 적절히 표현하거나 가급적 노출하지 않으려고 한다. 연인에게 좋아하는 감정을 굳이 숨길 필요는 없겠지만 협상같이 서로의 감정을 감추어야 하는 상황에서는 상대의 감정을 파악하는 능력이 중요해진다.

미국의 커뮤니케이션 학자 앨버트 머레이비언Albert Mehrabian은 대화로 의사소통을 할 때 음성언어로 전달되는 비중은 7퍼센트에 불과하며 나머지 97퍼센트는 표정이나 몸짓, 말투와 같은 비언어적 요소가 차지한다고 이야기한다. 인간은 오랜 훈련을 통해 비언어적 요소를 바탕으로 상대방의 감정을 파악하는 능력을 키워왔다. 그럼에도 의도적으로 상대가 이런 요소들을 조

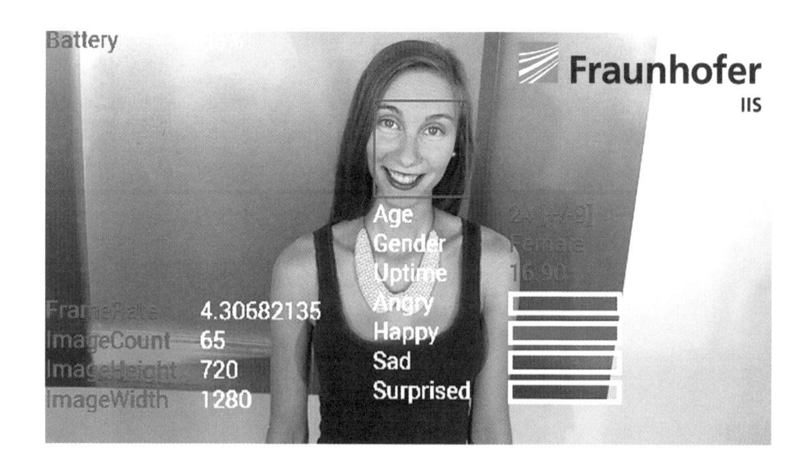

독일 프라운호퍼집적회로연구소는 2014년 구글 글래스에 탑재하는 인공지능 감정인식 앱을 개발했다. 이 앱이 설치된 구글 글래스를 쓰고 상대를 바라보면 상대의 나이, 성별, 감정 상태 등을 실시간으로 알려준다.

절한다면 상대의 의사나 감정을 알아내기란 쉽지 않다.

최근에는 인공지능을 이용해서 비언어적 요소나 심지어 이메일의 글을 통해서 상대의 감정을 파악하는 기술이 주목받고 있다. 카메라와 마이크로폰이 장착된 인공지능 안경을 쓰고 상대를 바라보면 얼굴 표정이나 목소리의 억양 등을 분석해서 그 사람의 감정 상태가 바로 파악된다면 어떨까? 이 기술은 상상이 아니라 이미 기술적으로 실현된 것으로 2014년 독일 프라운호퍼집적회로연구소에서는 구글 글래스에 이 기능을 탑재했다.

이런 안경을 쓰고 거리를 다닌다면 주변 사람들의 감정을 파악할 수 있다. 이런 장비를 착용하고 다니는 것을 용납할 수 있을까? 자신을 범행 상대로 주목하는 소매치기나 강도를 알아챌 수 있고 거리에서 마주친 매력적인 이성이 자신을 어떻게 느끼고 있는지도 알 수 있다. 사회성이 부족해서 어려움을 겪는 자폐증 환자에게도 매우 유용한 도구가 될 것이다.

만약 협상 테이블에 이 안경을 쓰고 나섰다면 최고의 참모이자 비서를 대동하고 자리한 것과 마찬가지다. 그러나 사람의 감정을 읽는 장치가 있다면 금세 소문이 날 테니 협상장에서 감정 상태가 한쪽에게만 노출되는 상황은 만들어지기 힘들 것이다.

감정인식 글래스는 여러 가지 윤리적, 사회적 문제를 떠올리게 만든다. 지키고 싶은 프라이버시와 익명성, 그리고 이를 무력화하는 감시, 차별, 독재 같은 거창한 개념들이 얽히면서 고작 감정인식 기술 하나가 걷잡을 수 없는 혼란을 가져올 수 있다.

스마트한 감시 사회

감정인식 기술과 CCTV가 결합하면 거리에 다니는 사람의 감정을 파악할 수 있다. 그리고 개인이 착용하는 감정인식 글래스와 달리 CCTV에 기술을 구현한다면 거리를 지나는 사람은 자신의 감정 정보가 노출되고 있다는 걸 인지하기 어렵다. 오싹하게도 안면인식 CCTV는 이미 100개국 가까이에서 설치되었다. 중국 충칭시에는 인구 6명당 1대, 상하이에는 9명당

1대의 감시카메라가 설치되어 있다. 중국만 그런 것도 아니다. 런던에는 15명당 1대가 설치되어 인구당 설치 비율에서 세계 6위다. 감시카메라는 사람만을 감시하지 않는다.

선진국을 포함한 75개국의 감시카메라는 인공지능과 결합해 능력을 확장시키고 있다. 주요 목적은 스마트시티와 치안이다. 실제로 도시가 제공하는 많은 기능이 감시카메라를 활용한 덕이다.

그러나 일부 경우에는 안면인식 기능으로 개인을 식별하기도 하고, 행인들의 인구학적 특성을 바탕으로 사회 동향을 파악하는 데도 쓰인다. 버젓이 국민을 감시하기 위한 목적으로 사용하는 나라도 물론 있다. 아랍에미리트에서는 행복부Ministry of Happiness 주관으로 공공장소에 CCTV를 설치해서 행인의 표정을 읽어 사회 분위기를 파악하는 데 사용하고 있다. 카메라가 자신의 모습을 찍고 있으면 국민의 행복도가 어떻게 달라질지 궁금하다.

불행 중 다행으로 안면인식 기술과 접목된 감정인식 기술은 엄청난 법적, 윤리적 논쟁을 불러일으켰다. 아무리 성능이 뛰어나도 표정이나 몸짓으로 사람의 감정을 표준화하는 것은 악용될 여지가 있다. 일시적 표정을 포착한 CCTV가 그 사람을 범죄자로 오인할 수도 있고 해킹이 일어난다면 엄청난 개인정보가 속수무책으로 공개될 수도 있다.

곤란한 점은 어느 나라도 인공지능과 결합한 감시카메라

의 악용 가능성에 대해서 뚜렷한 해결책을 내놓지 못한다는 것이다. 한편에서는 감시카메라가 완전히 사라진다면 오히려 더 불안함을 느낄 사람들도 있다. 칼은 쓰기에 따라 의미가 달라지듯 감시카메라가 적절히 활용되도록 하는 건 사람의 의지뿐이다. 앞으로의 사회에서는 국가와 정부의 투명성이 더욱 중요한 가치가 되지 않을까 싶다. 이런 논란과 우려가 가라앉기 전에 이 기술이 일상에서 활용되기는 쉽지 않을 것이다.

그럼에도 불구하고 이 기술은 지금도 지속적으로 개발되고 있다. 감정 파악이 어려운 자폐인을 위한다는 선량한 의도나 국민의 행복을 증진시킨다는 포장된 의도를 타고 기술은 나아간다. 인공지능이 가져올 사회의 변화 못지않게 인공지능을 활용하는 방식이 개별 국가나 문화권이 갖고 있는 철학적 시각을 더욱 적나라하게 드러내는 역설적 상황이 펼쳐지고 있는 셈이다.

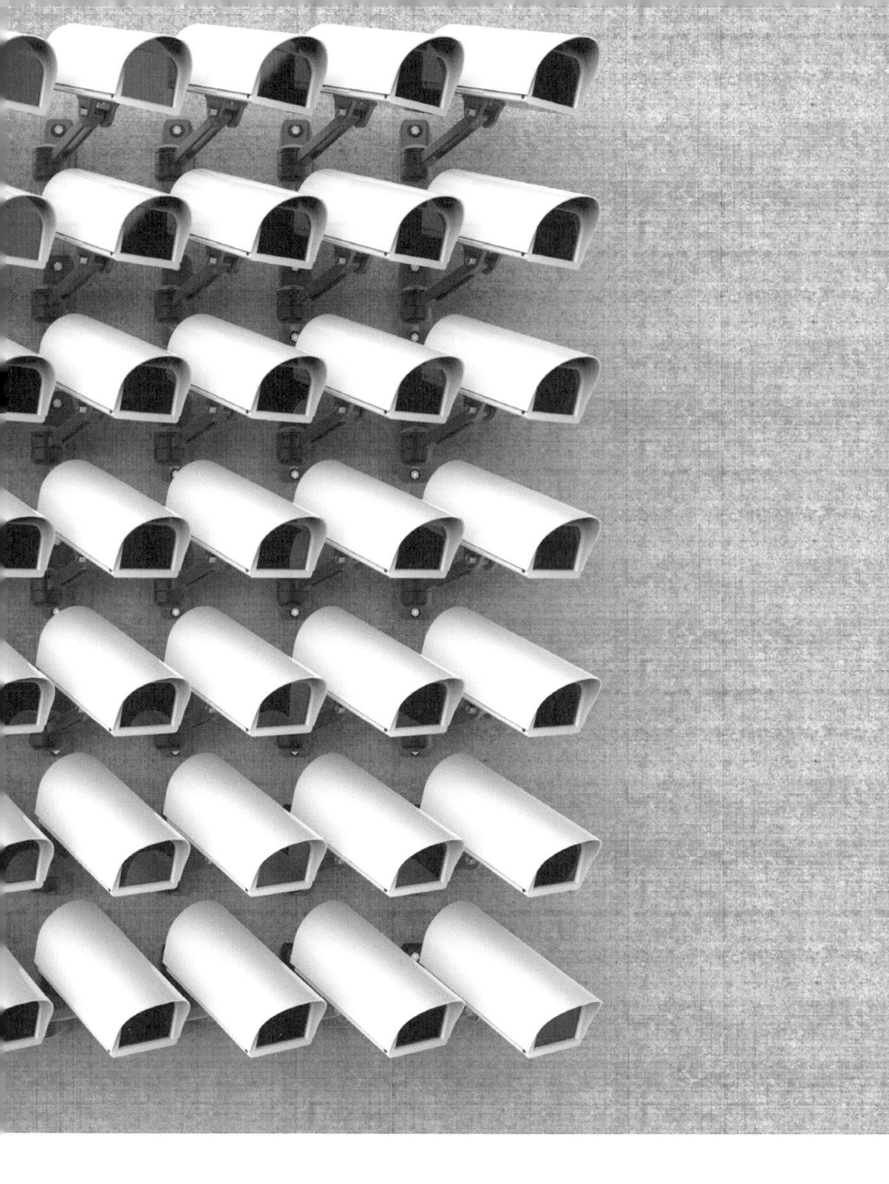

오늘날 전 세계의 도시에서
감시카메라의 시선을 벗어나는 곳은 찾기 힘들다.

구분할 수 없다면

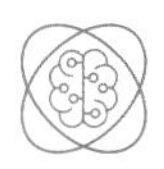

비슷하려면 아주 비슷하거나

이미 대부분의 사람들은 인공지능이 만들어낸 그림을 인간이 그린 그림과 구분하지 못하고 자신이 마주하고 있는 상대가 사람이 아니라는 것을 알아채지 못한다. 하물며 이 사례들에서 사용된 인공지능이 현재의 인공지능 분야에서 사용되는 수준에 비춰볼 때 특별히 고성능도 아니다.

이런 상황을 보며 많은 사람들이 기술의 발전에 따르는 혜택이나 편리함보다는 뭔지 모를 불안감을 먼저 느낀다. 인공지능이 만들어내는 결과물의 수준이 생각했던 것보다 너무도 높다는 걸 알게 된 순간 불편하고 당황스럽다. 보편적 인식에 비춰볼 때 인간이 다른 존재, 특히 인간이 만든 기술과 비교되는 것이 부자연스럽다고 여기기 때문이다.

사람의 외모를 닮은 로봇 연구 분야에서 더 잘 알려진 '불쾌한 골짜기' 이론에 따르면, 로봇이 사람을 닮으려면 사람과 구분하기 힘들 정도로 아주 유사해야 거부감이 생기지 않는다고 한다. 이는 로봇과 달리 외모를 갖고 있지 않은 인공지능의 경우에도 마찬가지다. 인간의 지능에는 못 미친다고 해도 지능이 있다고 생각되면 마음이 편치 않지만 인간의 지능과 거의 흡사해진다면 오히려 불편함이 줄어들 수 있을 것이다. 인공지능이 그다지 머지않은 미래에 불쾌한 골짜기를 벗어날 가능성은 과연 얼마나 될까?

형태를 갖는 도구나 기계가 사람보다 물리적으로 뛰어난 능력을 보이는 것에 대해서는 누구나 익숙하게 느끼고 당연시한다. 망치가 주먹보다 단단하고, 자동차가 사람보다 빠르게 달리고, 컴퓨터의 계산능력이 사람보다 빠른 것을 부자연스럽게 느끼는 사람은 드물다. 애당초 도구를 만드는 목적 자체가 인간의 신체적 능력을 극복하는 데 있다.

지금 인류가 사용하고 있는 모든 도구와 기술은 여러 곳에서 오랜 시간에 걸쳐 사용해본 결과 인간의 신체보다 훨씬 뛰어난 성능을 가졌다는 것이 입증되었기 때문에 남아 있다. 우리는 유용한 도구들을 활용하며 살아가는 데 익숙해져 있다. 그 연장선상에서 본다면 지능의 일부라도 대체할 목적으로 만든 도구인 인공지능은 당연히 주어진 목적에 대해서는 인간보다 뛰어나야 한다. 그런데도 거북함이 느껴지는 것은 인간이

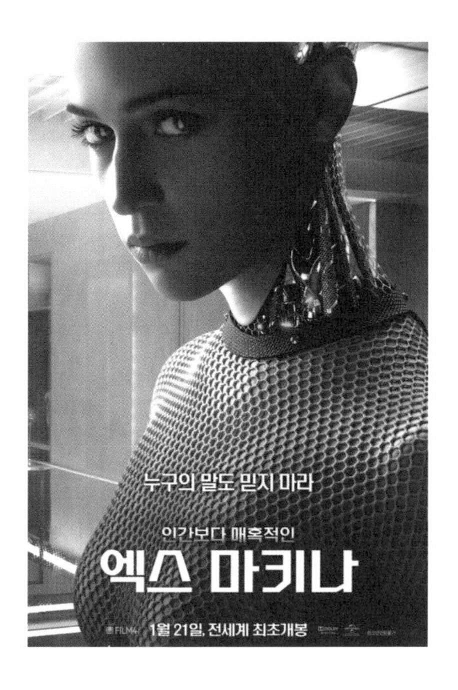

2015년 영화 <엑스 마키나Ex Machina>의 인공지능 로봇 에이바. 사람과 유사한 방식으로 사고하고 느끼는 인공지능을 가진 로봇이지만 에이바는 인간이 아니라는 사실이 잘 드러나도록 표현되어 있다. 지능을 가진 로봇이 사람과 너무 똑같아 보이지 않게 하려는 의도가 보인다.

지능을 포함한 정신이라는 대상을 매우 특별하게 여기고 있음을 반증한다.

영화 〈엑스 마키나〉는 인공지능이 인간보다 뛰어난 지능을 가질 수 있는지 검증하는 21세기형 튜링 테스트를 다룬 영화다. 이 영화에는 로봇의 외형을 가진 인공지능 에이바가 등장한다. 외모의 차이는 사람과 유사하거나 능가하는 지능과 감정을 가진 인공지능이 사람과 너무 똑같아 보이지 않게 하려는 설정이다. 영화는 마지막까지 그 설정을 반전의 도구로 활용하며 인간을 닮지 않은 로봇과 인간과 구별되지 않는 로봇에 대한 관객의 인식을 테스트한다.

인공지능의 지능이나 감정이 사람에 가까워질수록 인공지능에 대한 거부감은 차츰 완화될 것이라 여겨진다. 새로 나온 기술을 적용한 제품은 기술을 강조하며 소개된다. 한 요구르트 광고를 보면 헬리코박터균을 발견한 박사가 헬리코박터에 좋은 유산균이 들어 있다고 소개한다. 무거워서 불편했던 무선 청소기는 모터를 개선한 신제품 광고에 30퍼센트 가벼운 모터가 더 강력해졌다는 성능을 강조한다. 새로운 기술은 그 특징을 전면에 내걸고 성능을 부각시켜서 고객의 시선을 끈다.

하지만 그 제품이 유명해지고 많은 사람들이 쓰게 되면 더 이상 성능을 강조할 필요가 없다. 기술이 투명해졌기 때문이다. 투명해진 기술은 굳이 그 원리를 몰라도 제품을 선택하는 데 지장을 주지 않는다. 새로운 것은 낯설기 때문에 두려움이나 거부감을 준다. 하지만 더 이상 새로울 것 없이 일상에 스며들면 아예 기술이란 인식도 사라진다.

일상에서도 주변에는 이미 수많은 장치들 속에 인공지능이 스며들고 있다. 그 장치들은 꽤 쓸모 있고 편리하며 특별히 사용법을 익히지 않아도 쉽게 다룰 수 있다. 사람처럼 말하고 행동하는 로봇형 인공지능에 불편한 시선이 꽂혀 있는 지금, 어쩌면 인공지능은 투명해지는 방식으로 불쾌한 골짜기를 벗어나고 있는지도 모른다.

인공지능이 사용되려면

오늘날 인공지능이 활발하게 이용되는 사례에는 두 가지 공통점이 있다. 첫 번째는 당연히 인공지능을 쓰는 편이 같은 업무를 사람이 할 때보다 더 효율적인 분야라는 것이다. 두 번째는 '법적으로 문제가 없는' 경우에 한해서 인공지능이 활용되고 있다는 점이다. 이는 아무리 기술이 발전해도 일의 결과에 따른 '책임'은 사람에게 있다는 것을 의미한다. 인공지능의 활용에 따른 책임 문제는 앞으로 점점 더 중요한 관심사로 떠오를 것이다.

목숨을 건 수술을 시도할지 말지 판가름할 때 MRI 사진을 인공지능이 판독하거나, 공무원의 채용 심사를 인공지능에게 맡긴다거나, 재판을 인공지능이 하는 일은 기술적으로 구현할 수 있다. 그러나 그에 따른 최종 책임은 항상 사람에게 귀속되기 때문에 여전히 책임질 수 있는 사람이 이런 업무를 맡고 있다. 인공지능이 내린 판결에 의해서 유무죄가 판정되고 거액의 배상금이 걸린 소송의 결과가 결정된다면 이를 기꺼이 받아들일 사람이 얼마나 되겠는가?

미국의 법정에서는 이미 인공지능이 피고의 연령, 성별, 직업, 이력 등을 이용해서 형량을 판사에게 제안하는 방식으로 형사재판에 널리 활용되고 있다.[2] 2017년 에릭 루미스의 재판에서 사용된 인공지능 콤파스COMPAS는 루미스가 "폭력을 사용할 가능성이 높으며, 재범의 위험성이 높고, 재판에 불성실하게 임할 가능성이 높다"라는 분석을 내놓았다.

판사가 이 제안을 따라야 하는 것은 아니었지만, 루미스에게 내려진 징역 6년이란 판결에는 분명히 영향을 미쳤다고 봐야 한다. 루미스의 변호인은 인공지능이 형량을 제안한 근거를 알 방법이 없기 때문에 피고의 권리가 침해당했다고 주장했다.

그러나 제작사인 노스포인트는 제품의 내부 알고리즘은 사업의 핵심 경쟁력이며 공개할 수 없는 것이라고 답변했다. 형량 제안 인공지능은 개발자 이외의 다른 사람들에게는 완벽한 블랙박스이므로 인공지능이 어떤 근거로 형량을 제안하는지 재판 관련자가 알 방법은 없다.

이 때문에 생기는 문제가 또 있다. 인공지능을 재판에 도입하려는 취지 중 하나는 인공지능이 인간 판사보다 좀 더 중립적이고 편견이 없을 거라는 기대 때문이기도 하다. 그러나 인공지능이 학습에 의해서 결론을 만들어내는 방법을 터득하는 이상 인공지능도 편견을 가질 수 있다는 점이 드러나고 있다.

비영리 탐사 뉴스인 〈프로퍼블리카ProPublica〉가 조사한 바에 따르면 형량 제안 인공지능 시스템은 흑인 피고들이 백인보다 2배의 재범 확률을 가질 것으로 보았으며 그조차도 백인의 경우에는 "재범의 가능성이 낮다"라고 완곡하게 표현했다. 그러나 시스템의 내부 알고리즘이 공개되지 않은 상태에서 이런 결론이 의도적으로 학습된 것인지의 여부는 알기 어렵다.

인공지능을 재판에 도입하려는 취지 중 하나는 인공지능이 인간 판사보다 좀 더 중립적이고 편견이 없을 거라는 기대 때문이기도 하다.

피에르 불Pierre Boulle의 SF 소설 『혹성탈출La Planète des singes』. 영화 <혹성탈출> 시리즈의 원작으로 인간과 유사한 지능을 갖는 존재에 대한 당혹스러움과 더불어 그에 대한 통제력을 상실하는 것에 대한 인간의 본능적 거부감과 두려움을 보여준다.

지금의 인공지능은 주어진 데이터에 대해서는 뛰어난 분석력을 갖지만 이야기의 흐름을 읽는 능력은 없다. 그 한계가 적나라하게 드러나는 곳이 법정이다. 법의 적용은 기계적 절차가 아니라 상황의 흐름과 여러 조건을 고려해야 하는 고도의 기술을 필요로 한다. 바로 이 점이 인공지능에 대한 인간 지능의 우위를 주장할 수 있는 환경을 제공하는 것이다.

이런 이유들 때문에 인공지능이 법정에서 보조적 위치 이상으로 올라가기엔 무리라는 시각이 많지만, 현실적으로는 이미 판결에 영향을 미치고 있는 것도 부인하기 힘들다. 그래서 유럽연합에서는 인공지능이 사법 체계에 활용될 때 기본권의 존

중, 차별 금지, 공정성과 신뢰성, 투명성, 인간의 통제라는 5가지 윤리적 기준이 지켜져야 한다고 제안하고 있다.

특히 인간의 통제가 핵심이다. 영화 〈혹성탈출〉 시리즈는 이를 주제로 이야기를 풀어나간다. 영화는 인간과 유사한 수준의 지능을 갖는 유인원과 인간 사이의 갈등과 대결을 다루는데, 인간들은 인간보다 지적으로 우월한 유인원의 존재를 받아들이기 힘들어한다. 영화는 인간이 가장 우월한 존재이며 나머지 존재들을 통제하는 것이 당연하다는 인간의 본능과 욕구를 드러낸다. 인공지능의 뛰어난 성능을 활용하고 싶으면서도 통제를 놓으려 하지 않는 인간의 모습은 앞으로 어떻게 전개될지 궁금하다.

CHAPTER 2

지능 만들기

인간을 만들고 싶다

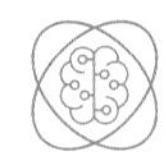

육신에서 정신까지

그리스 신화에 등장하는 조각가 피그말리온은 자신이 조각한 이상형과 사랑에 빠진다. 사랑의 여신 비너스는 그가 만든 조각상이 사람이 되도록 해주었고 피그말리온은 눈앞에 나타난 이상형 여인인 갈라테아와 결혼해 자식을 낳고 살았다고 한다.

피그말리온의 신화에서 어떤 이는 '(노력하고) 간절히 바라면 이루어진다'라는 의미를 찾아낼 수도 있을 테고, 다른 누군가는 이 이야기가 '현실의 추함과 미에 대한 본능적 갈망'이라는 인간과 사회의 본성을 드러낸 것이라고 생각할지도 모른다. 그런데 이 이야기에서 한 가지를 더 찾아내자면, '(내가 원하는) 인간을 만들고자 하는' 욕망이 인간에게 있다는 것이다.

생명체에게는 번식을 통한 생명 창조의 능력이 있지만 암수의 유전자가 반씩 만나 만들어지는 생명체는 자신이 원하는 조건을 갖춘 피조물이 아니다. 그런 점에서 보면 피그말리온 신화는 인간이 자신의 의도대로 생명체를 만들어내고자 하는 욕망을 갖고 있음을 직설적으로 보여준다.

컴퓨터 기술이 발전하자 사람들은 드디어 기계가 인간 육체의 동작을 흉내 내는 수준을 넘어서서 정신 영역에 발을 들여

영화 <그녀Her>에서 시어도어는 능동적으로 인간에게 접근하는 능력을 가진 인공지능 사만다와 사랑에 빠진다. 그러나 사만다는 지능이 발달하면서 인간과 마찬가지로 고민하고 번뇌한다. 시어도어는 사만다가 자신을 거역하지 않고 자신에게만 종속되길 원했다. 능력과 애정을 독점하려는 인간의 본능적 욕망이 인공지능에게 투영될 때 나타나는 모순을 섬세하고 적나라하게 드러낸다.

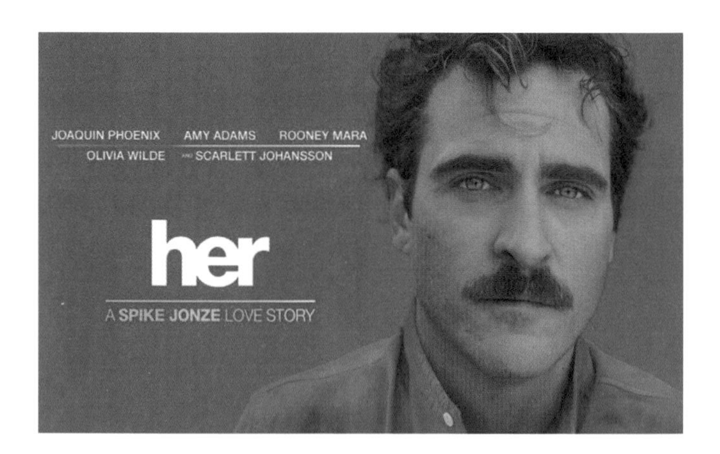

놓는 건 아닌지 걱정했다. 사실 컴퓨터는 말 그대로 더하기를 비롯한 몇 가지 단순한 연산의 조합에 불과한 '계산computing'만 할 뿐이다. 다만 엄청난 속도를 활용해서 사람으로서는 불가능한 양의 계산을 순식간에 해내면서도 휴식이 필요 없다.

컴퓨터가 나타나기 이전에도 사람들은 다양한 도구와 기계의 효용을 경험적으로 알고 있었지만 계산만큼은 어디까지나 사람이 두뇌를 써서 수행하는 작업이라고 여겼다. 그런 점에서 사람이 머리를 써야 하는 작업을 대신하는 컴퓨터는 기존의 기계나 도구와는 획을 긋는 물건이었다.

처음 등장한 이래로 컴퓨터의 계산능력은 상상을 초월하는 속도로 향상되었다. 컴퓨터의 성능이 계속해서 획기적으로 높아지는 추세는 연구자들에게 새로운 포부를 안겨주었다. 연구자들은 컴퓨터를 이용해서 지능을 구현할 수 있겠다 싶었고 이를 실행에 옮기기 시작했다. 1940년대에 시작된 인공지능 연구는 상당 기간 동안 이론적 영역에 머물러 있다가 1950년대 들어 컴퓨터가 연구자들의 포부를 감당할 만한 수준에 이르게 되면서 빠르게 발전했다.

이들이 목표로 한 것은 인간의 사고 과정을 컴퓨터 프로그램으로 구현하려는 것이었고, 1956년 다트머스에서 열린 회의에 모인 학자들은 여기에 인공지능AI: artificial intelligence이라는 멋진 이름을 붙여주었다. 이 사람들의 작명 센스는 인공지능 연구가 아니라 기업의 마케팅 부서에 근무했어도 뛰어난 성과를 보여주지 않았을까 싶을 정도다.

하지만 선구자들의 바람처럼 인공지능이 손쉽게 만들어지지는 못했다. 인공지능을 어떤 방식으로 구현할 것인가도 연구의 쟁점이었지만 무엇보다도 컴퓨터의 성능이 충분치 않았다. 이후 상당 기간 동안 인공지능 연구는 특별한 성과를 보이지 못하면서 점차 사람들의 관심에서 멀어졌고 간신히 명맥만 유지한다.

인공지능이 다시 대중적 관심을 끌게 된 중요한 전기는 1997년 IBM에서 개발한 딥블루Deep Blue라는 컴퓨터가 당시 체스 세계 챔피언인 가리 카스파로프Garry Kasparov를 물리친 이벤트 덕분이다. 상대의 다음 행보를 몇 수나 내다보며 다양한 전략과 전술을 써서 경쟁하는 체스 같은 게임에서 컴퓨터가 사람을 이긴 상징적 사건이었다. 무엇보다 세계에서 가장 체스를 잘 두는 사람을 이겼다는 것이 화제가 되면서 인공지능의 가능성이 다시 세간의 관심을 받기 시작한다. 물론 막연히 생각했을 때 체스는 경우의 수만 열심히 따져보면 어떻게든 컴퓨터가 이길 수 있는 게 아닌가 싶고 실제로도 그런 게임이다.

공교롭게도 같은 해에 복제양 돌리Dolly가 탄생했다. 포유류인 양을 복제할 수 있으면 포유류인 인간도 복제할 가능성이 높아졌다는 이야기다. 게다가 체세포를 이용한 복제는 복제하려는 대상의 체세포 부위에 관계가 없어서 머리카락만 있어도 가능하다. 인간의 육체를 복제할 수 있고 유전자 조작 기술이 결합된다면 원하는 인간을 자유자재로 만들 수 있는 날에 한 발 더

다가가게 된다. 피그말리온의 꿈에 다가가려는 노력이 조금씩 성과를 보이는 것일까. 사람들은 인류의 과학 수준이 어딘지 불안해 보이는 경계에 다가가고 있음을 조금씩 실감하게 되었다.

인공지능이 정말로 실생활에 다가오고 있음을 느끼게 한 사건은 2016년, 체스와는 복잡성에서 비교가 되지 않는 게임인 바둑을 두는 알파고AlphaGo의 등장이다. 알파고가 던진 충격파는 단순히 바둑같이 복잡한 게임에서 인공지능이 사람을 이겼다는 게 아니라 인공지능이 학습을 통해서 성능이 향상되는 것을 보여준 데 있다.

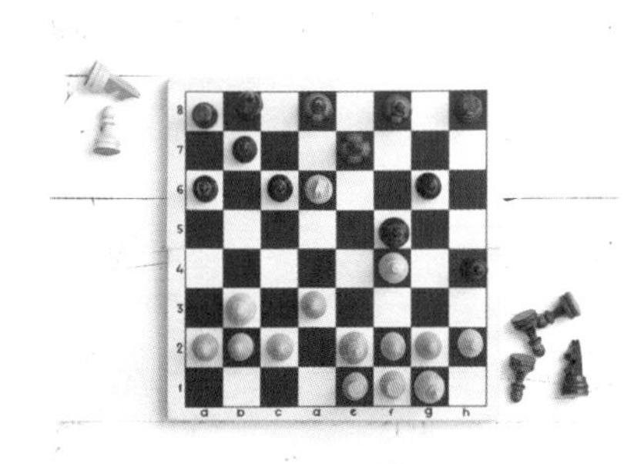

말의 종류에 따라 움직임이 다르게 규정된 체스에 비해 말이 한 가지인 바둑의 규칙이 더 단순하게 느껴질 수도 있다. 그러나 게임을 이해하는 것이 아니라 분석하는 컴퓨터에게는 경우의 수가 커질수록 대응이 힘들어진다. 말이 움직일 수 있는 경우의 수를 대략 계산해보면 체스는 10^{123}(1뒤에 0이 123개)이고 바둑은 10^{360}(1뒤에 0이 360개) 정도다. 감이 오지 않는다면 다른 방식으로 비교해볼 수도 있다. 처음 두 수를 둔 뒤에 둘 수 있는 수가 체스는 400가지이고, 바둑은 13만 가지다. 톨스토이는 "체스는 수학에 기반한 유희, 바둑은 철학에 바탕한 투쟁"이라고 했는데, 숫자가 커지면 철학이 된다.

알파고는 '프로그래머가 만든 것 이상을 할 수 있는 프로그램'을 사람이 만들었다는 사실을 멋지게 보여준 사례다. 아마도 알파고와 돌리가 만나는 지점이 오늘날의 피그말리온이 지향하는 곳일 것이다. 그 세계에는 피그말리온이 한 명이 아니라 수천, 수만 명에 이를 것이다. 피그말리온의 간절함이 비너스를 움직였다면 오늘날의 피그말리온들은 스스로 비너스의 역할까지 해내는 셈이다.

열심히 외운 딥블루,
열심히 공부한 알파고

딥블루와 알파고는 사람에게 맞서 체스와 바둑을 두고 당대 최고의 선수들을 상대로 승리를 가져갔기 때문에 둘 다 비슷한 인공지능을 가졌다고 오해할 수 있다. 하지만 이 둘은 사실 원리적으로 상당히 다르다.

딥블루는 가능한 경우의 수를 따지는 프로그램을 탑재하고 체스를 두는 컴퓨터고 알파고는 과거의 기보를 이용해서 바둑 기술을 소프트웨어가 '학습'해서 바둑을 두는 컴퓨터다. 어마어마한 연산 능력으로 경우의 수를 계산해서 체스를 두는 딥블루와 달리 알파고는 매 수를 둘 때마다 어디에 돌을 놓아야 하는지 판단하는 기준도 학습을 통해서 스스로 만들어낸다. 알파고의 학습에 쓰인 기법이 딥러닝deep learning이고 오늘날의 인공지능 다수는 딥러닝 기법이 적용된다. 딥러닝은 학습을 통해서 프로그램이 나름의 기준을 정해가는 방식이므로 당연히 학습을 어떻게 했느냐가 최종적인 성능을 결정한다.

다시 말해 딥블루는 매 수마다 엄청나게 많은 계산을 하는데, 이 계산 프로그램은 사람이 일일이 작성한 것이다. 또한 프로그램 내부의 수많은 변수의 값도 사람이 정해서 입력한 것이다. 딥블루라는 이름이 사람들에게 회자되었지만 실상은 어떤 계산을 할지와 판단 기준은 모두 인간이 설정한다. 딥블루의 성능은 컴퓨터의 속도를 제외하면 프로그램을 작성한 사람의 능력인 셈이다.

반면 알파고는 프로그램의 기본 구조는 사람이 만들었으나 프로그램 내부의 변수 값은 학습 과정에서 제공된 데이터를 통해서 프로그램이 자동적으로 결정한다. 그러므로 알파고의 경우에는 프로그램 작성 후 데이터를 이용해서 공부하는 단계가 필요하다. 이때 학습에 쓰인 데이터에 따라서 학습 결과가 달라질 수 있으므로 최종적으로 어떤 성능을 보일지는 프로그램을 만든 사람도 정확히 알 수 없다.

인공지능 컴퓨터가 학습한다는 표현을 흔히 쓰기 때문에 학습 과정이 그다지 어렵지 않게 자동적으로 이루어지는 일처럼 들리는데 실은 인공지능의 학습은 사람의 도움이 꽤 많이 들어가는 일이다. 아무리 스스로 공부하는 능력이 뛰어난 학생이

여러 대의 컴퓨터를 연결해서 연산 능력을 높인다. 구글은 알파고의 학습을 위해 기존의 프로세서보다 성능을 15배에서 30배 정도 끌어올린 전용 프로세서를 설계, 제작했고 이를 수십 개 연결해서 더욱 성능을 높였다. 알파고는 잠재력도 있었지만 물심양면으로 누구보다도 엄청난 지원을 해줄 의지와 능력을 가진 부모를 만난 인공지능이었다.

라고 해도 실상은 교사와 부모의 지원 없이는 성적을 내기 어렵다. 무엇을 어느 기간 동안 공부해야 할지, 어떤 교재를 사용해야 할지 결정하고, 그 외에도 일상생활을 유지하는 데 필요한 정보와 환경을 제공하는 등 부모와 교사의 역할은 지대하다.

딥블루가 시험에 대비해서 주입식 교육을 받으며 열심히 외운 학생이라면 알파고는 교재(딥러닝에 사용할 데이터)가 선정되자 혼자서 필요한 내용을 찾아가며 준비한 학생이라고 할 수 있다. 전자의 경우에는 교사가 무엇을 가르치느냐가 학생의 시험에서의 성과를 결정하고 후자는 어떤 교재를 제공했느냐가 중요하다. 알파고 학생은 알려준 교재 이외에 다른 교재를 스스로 찾지는 못한다.

만약 한 과목만 시험을 보아 두 학생의 성적을 비교한다면 딱히 어느 쪽이 우위에 선다고 장담하기는 어렵다. 그러나 둘 다 첫 시험에서는 100점을 받았어도 이후의 과정은 다르다. 시험 과목이 늘어나고 매년 새로운 것을 배워야 하는 상황이라면 '학습하는 방법'을 터득한 알파고 학생이 유리하다.

딥블루는 세계 제일의 체스 실력자이나 새로운 게임도 잘하려면 다시 하나부터 주입식으로 가르쳐야 한다. 반면 알파고는 바둑이라는 게임의 규칙을 가르친 후 훈련을 통해서 실력을 키운 것이므로 개념적으로는 새로운 게임에서도 규칙을 알려주고 훈련할 데이터만 제공하면 스스로 금세 숙련할 수 있다.

방대한 양의 답안지를 통째로 외워서 수많은 문제의 답을 빠르게 찾아나가는 학생과 문제 풀이 과정을 익히고 많은 연습 문제를 공부하고 스스로 문제를 풀어가는 학생의 차이다. 물론 현실이 이처럼 단순하지는 않지만 알파고는 학습 능력이 갖는 잠재력을 보여주었기 때문에 인공지능에 대한 인식을 바꿔놓았다. 그리고 지금의 인공지능은 당연히 공부하는 방법을 습득한 알파고의 선상에서 진화하고 있다.

자기주도학습파, 알파고 제로

알파고는 도대체 어떻게 공부를 했기에 사람과 바둑을 두고 심지어 최고의 바둑 기사를 이길 수 있었을까? 알파고는 인간 뇌의 신경망을 모사한 구조를 갖는 인공지능 프로그램으로, 기존의 기보 데이터를 딥러닝 방식의 기계 학습을 하며 바둑을 익혔다.

알파고와 같이 인공신경망을 이용하는 인공지능이 어떤 기능을 구현하려면 적절한 소프트웨어, 목적에 부합하는 방대한 양의 학습용 데이터, 학습이 의미 있는 시간 내에 가능하도록 만들어주는 뛰어난 성능의 컴퓨터가 갖추어져야 한다. 인공지능 개발자들에게 이중 가장 어려운 게 무엇인지 물어보면 망설이지 않고 엄청난 양의 학습 데이터를 확보하는 것이라고 대답할 것이다. 딥러닝을 하려면 쓸 만한 수준의 바둑 기보를 충분히 입수해야 하는데 이는 시스템을 개발하는 사람들이 만들어내는 것이 아니기 때문이다.

그런데 새로운 변화, 혹은 인공지능의 진화라고도 할 수 있는 일이 일어났다. 학습용 기보를 확보하는 데 애를 먹던 연구자들이 자구책이라도 마련한 것일까. 비록 바둑과 같은 규칙성을 가진 응용에 한정된 것이나 학습용 데이터 없이 학습이 가능한 인공지능이 개발된 것이다.

알파고에 이어서 개발된 알파고 제로AlphaGo Zero는 바둑의 규칙만 알려주면 스스로 대국을 하면서 바둑 기술을 늘려가는 방식으로 동작한다. 기존의 기보 데이터를 공부하는 대신 자신과 대국을 하면서 바둑을 마스터한 것이다. 바둑을 독학으로 배워보려고 시도해본 사람이라면 알 것이다. 아무런 기보나 대국 상대 없이 바둑의 규칙만 아는 상태에서 바둑을 혼자 연마해서는 실력이 좀처럼 늘기 힘들다는 사실을.

물론 시간만 충분히(거의 무한히) 주어진다면, 사람도 혼자서 바둑을 연마해 실력을 높이는 것이 이론적으로는 가능할 것이다. 하지만 혼자서 바둑만 몇십 년을 공부할 수는 없다. 학습에 시간이 소요된다는 제약은 인공지능에게도 마찬가지다. 5세부터 바둑을 시작한 이세돌 9단은 30년 동안 약 1만 번의 대국을 했다고 한다. 알파고 제로는 바둑 규칙을 배우고 40일 동안 약 2900만 번 혼자서 대국을 했다. 프로 바둑 기사와도 비교할 수 없는 속도로 바둑을 둔 것이다. 그건 엄청난 양의 정보를 처리할 수 있을 만큼 비약적으로 컴퓨터의 연산 속도가 향상된 덕분이다.

알파고 제로는 부모나 교사가 새 교재를 가져다주기를 기다리지 않고 끊임없이 스스로 실력을 향상시켰다. 그 결과 알파고 제로는 단 72시간 만에 알파고의 최신 버전인 알파고 마스터를 상대로 100전 89승 11패를 거두는 압도적 실력을 발휘했다.

규칙만을 가지고 스스로 학습 데이터를 만들어내며 학습하는 방식의 인공지능은 빅데이터 확보라는 커다란 숙제를 해결

"하지만 절대 떠날 수는 없을 거예요But you can never leave." 미국의 록 그룹 이글스Eagles가 부른 <호텔 캘리포니아Hotel California>. 호텔 캘리포니아에서는 언제든 체크아웃을 할 수 있지만 절대 벗어날 수 없다. 오늘날의 인공지능은 주어진 문제에 대해서는 마음껏 실력을 발휘할 수 있지만 그 밖의 문제는 전혀 다루지 못한다는 점에서 아직은 호텔 캘리포니아의 투숙객이나 마찬가지다.

해준다. 그러나 알파고 제로에서도 학습을 시작하기 위한 여러 가지 초기 조건들은 여전히 사람이 설정해주어야 한다. 바둑을 배우고 싶은 똑똑한 인공지능에게 기보는 필요 없지만 그렇다고 바둑 규칙을 설명한 책 하나만 건네주면 알아서 규칙을 이해할 수 있다는 건 아니다. 바둑 규칙은 일일이 알려줘야 하고 그 과정은 생각보다 간단치 않다.

또한 바둑같이 규칙이 명확하게 정해져 있는 게임과 달리 딱히 정해진 규칙이 없는 일반적 문제에 대해서는 이런 방식의 인공지능을 적용하기가 만만치 않다. 인공지능이 인공지능을 개발하는 날이 오기 전까지 인공지능의 진전은 사람의 손에서 만들어진다. 누구나 아무리 똑똑해도 거인의 어깨 위에 올라간 다음에야 한 걸음씩 나아갈 수 있으니 아직 시간은 인간의 편이다.

지능이란 무엇일까

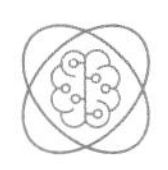

나무를 구분하는 아이

높은 곳에서 주변을 내려다보면 다양한 풍경이 펼쳐진다. 딱히 머리를 쓰지 않아도 눈앞에 펼쳐진 풍경 속에 자리 잡은 나무와 도로, 건물 등 다양한 사물을 누구나 어렵지 않게 구분해낸다. 공원에서 뛰어 노는 아이들도 나무와 잔디를 금방 알아본다.

다섯 살짜리 아이에게 사진을 보여주며 사진 속에 나무가 있는지 물어보면 쉽게 답을 이야기한다. 아이는 사진 속의 물체가 나무인지 아닌지 어떻게 인지하는 것일까? 아이가 '줄기나 가지가 목질로 된 여러해살이식물'이라는 나무의 사전적 정의나 뿌리, 줄기, 잎, 열매 등 나무의 구성 요소들을 하나하나 배워서 나무를 식별하는 건 아니다. 그런데도 누구나 실제의 나무는 물론이고 어린아이가 서툴게 그려놓은 나무조차도 손쉽게 알아낸다.

컴퓨터에게 사진을 보여주고 사진 속에 나무가 들어 있는지 아닌지 판단하는 프로그램을 만든다고 해보자. 컴퓨터가 어떤 물체가 나무인지 아닌지 판단하려면 우선 나무가 무엇인지 알아야 한다.

사전적 정의나 생물학적 개념 정의는 가능하겠지만 시각적으로 나무를 정의하는 건 어렵다. 뿌리가 있고 몸체를 지탱하는 단단한 줄기가 있으며 가지에 초록색 잎이 달려 있으면 나무일까? 활엽수는 겨울이 되면 잎이 떨어지고 단풍이 들면 잎은 빨강, 주황, 노랑, 갈색 등 다양한 색으로 변한다. 열매를 맺는 나무도, 그렇지 않은 나무도 있으며 열매의 모양은 천차만별이다. 돌매화나무는 높이가 3~5센티미터이고 미국 캘리포니아에는 115미터가 넘는 하이페리온이라는 나무가 자라고 있다. 과연 이렇게 다양한 나무들을 통틀어 설명할 수 있는 정의가 있을까?

사람들은 어떻게 딱 보기만 해도 나무를 알아보는 것일까? 풍경이나 물체가 담긴 사진에는 다양한 요소가 들어 있다. 인간은 성장하면서 시각과 신경 기능에 경험이 쌓이면서 사진에 어떤 사물이 들어 있는지 곧바로 알아보는 능력을 갖게 된다. 그뿐만 아니라 원근감, 색채, 질감, 구성 요소들의 공간적 관계 같은 내용도 순식간에 인지해서 사진이 '자연스러운지'를 판단한다.

자연스러움이라는 개념은 억지로 꾸민 게 아니라 저절로

만들어진 것 같은 느낌인데 이 또한 매우 추상적이어서 인공지능이 사진을 보고 '자연스러움'을 파악하기란 어려운 일이다. 추상적 개념은 경험을 통해 이해하게 되는데 그 경험은 엄청난 양의 데이터에 노출되면서 필요한 정보를 효과적으로 축적하는 과정을 의미한다. 이 경험을 활용하는 능력이 지능의 특징 중 하나라고 설명할 수 있다.

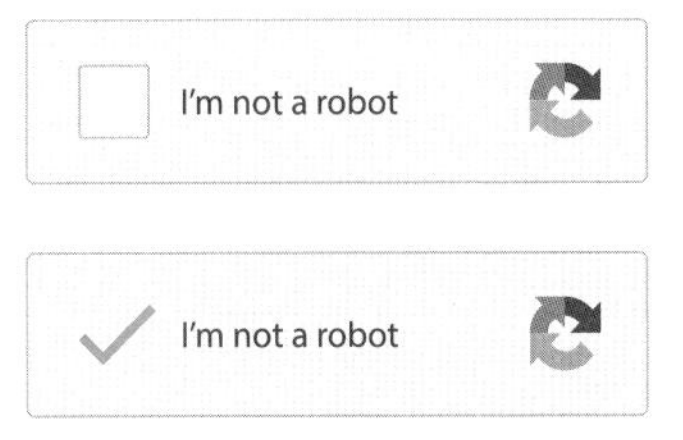

인터넷 서핑을 하다 보면 이런 화면을 어렵지 않게 마주치게 된다. 이 프로그램은 CAPTCHACompletely Automated Public Turing test to tell Computers and Humans Apart라는 것으로 접속한 주체가 컴퓨터인지 사람인지 구분하는 데 쓰인다. 여기서 말하는 튜링 테스트는 앨런 튜링이 제안한 것과 동일한 것이나 용도가 다르다. 사람이 사람이라는 것을 확인하는 것이다. 마우스 포인터의 움직임이나 클릭, 기타 여러 요소를 가지고 입력의 주체가 사람인지 아닌지 판단한다. 지금의 세상은 인공지능(프로그램)이 사람인 것처럼 보이려 애쓰고, 사람은 자신이 사람이라는 것을 입증해야 하는 미묘한 곳이다.

지능이 고도화되려면 그만큼 데이터가 많아야 한다. 부모가 자녀에게 다양한 경험을 쌓을 수 있게 해주려는 것도 더 많은 데이터를 제공하려는 노력의 일환이다. 만약 아이가 경험을 쌓는 데 필요한 데이터가 한곳에 모여 있어서 손쉽게 접근할 수 있다면 9년 동안이나 의무교육을 받을 필요도 없을 것이다.

인공지능 개발자들은 아이가 수많은 데이터에 노출되며 습득한 정보를 바탕으로 지능을 높이듯 특정한 영역에서 관련 데이터만 집중적으로 학습하는 방법으로 지능을 습득할 수 있다고 생각했다. 온전히 인간의 지능을 구현하기보다는 선택과 집중을 하기로 한 것이다. 인공지능은 데이터를 통해 경험을 쌓는(학습을 통한 지능 발달) 인간의 방식을 흉내 내면서 급속도로 발전하기 시작했다.

인공지능이 목표로 하는 능력의 범위는 지극히 제한적이지만 대신 많은 데이터를 정리해서 제공받고 인간보다 엄청나게 빠른 속도로 학습을 하는 것이다. 이렇게 하면 목표로 삼은 분야에서는 인간보다 뛰어난 능력을 발휘할 수도 있다. 데이터만 충분하다면.

지능과 중국어 방

생각은 항상 현실을 앞서간다. 지능이 있는 것처럼 보이는 소프트웨어가 출현한 지금, 사람들의 관심은 인공지능을 어떻게 활용할 것인지에 못지않게 인공지능이 더욱 발전하면 어떻게 될지에 쏠려 있다.

많은 사람들이 인공지능을 이야기하고 있음에도 불구하고 지능이 무엇인지 확실하게 이야기하기는 어렵다. 의외로 사전적 정의는 명확하고 단호하다. 국립국어원의 표준국어대사전에 따르면 지능은 "계산이나 문장 작성 따위의 지적 작업에서, 성취 정도에 따라 정해지는 적응 능력. 지능 지수 따위로 수치화할 수 있다"라고 한다. 또한 "새로운 대상이나 상황에 부딪혀 그 의미를 이해하고 합리적 적응 방법을 알아내는 지적 활동의 능력"이라는 의미로도 사용한다. 인공지능 개발의 관점에서는 후자의 의미가 더 가깝다고 할 수 있다.

지능을 정의한다고 해도 인공지능이 인간과 동일한 영역에서 지적 활동을 하는 것은 아니다. 인공지능이 역량을 발휘할 수 있는 영역은 인간이 정확히 지정한 범위 안에서다. 더 중요한 차이는 인공지능 프로그램이 수행되는 컴퓨터와 사람의 정보처리 과정에서 나타난다. 우선 한 가지 전제는 컴퓨터의 내부구조는 명확하게 기능적으로 분리되어 있는 반면 인간의 뇌는 아직 정확히 모르는 부분이 많다는 것이다.

인간은 수치화되지 않은 애매한 정보도 분석할 수 있다. 이는 애매한 결과도 사람에겐 쓸모가 있다는 의미다. 인공지능을 설명할 때 종종 사진의 내용을 알아보고 판단하는 것을 예로 드는데, 인공지능이 보는 것은 사실 '사진(이미지)'이 아니라 그 사진을 구성하는 점들을 데이터로 변환한 것이다. 인공지능은 사람들이 말하는 '사진'이라는 모호한 대상이 무엇인지 모른다. 명확한 숫자만 인식한다.

한편 컴퓨터와 달리 사람에게는 아무리 많은 정보가 입력되어도 기억이 넘쳐나지 않는다. 이것은 인간의 정보처리 방식이 컴퓨터와는 다를 것이라는 의미를 내포한다. 또한 인간은 처리

컴퓨터가 영상을 보는 방법은 사람과 다르다. 카메라에 찍힌 영상은 작은 점들로 나뉘고, 각 점의 값은 숫자로 표시된다. 컴퓨터가 자동차를 '인식'했다는 의미는 화면을 수많은 숫자로 바꿔놓고 보니 어느 부위의 값들이, 사람이 자동차라고 지정한 형태가 숫자로 변환되었을 때와 비슷하다는 것이다. 컴퓨터는 자동차가 뭔지 모른다.

할 정보의 양이 늘어난다고 해서 처리 속도가 저하되지 않는다.

컴퓨터는 명확한 정보가 아니면 처리할 수 없고 기억 용량이라는 제한이 있으며 처리할 데이터의 양이 늘어남에 따라 정보처리의 속도는 줄어든다. 이런 기술적 한계를 극복하지 않는다면 인간의 뇌와 똑같은 구조를 프로그램으로 구현한다고 해도 인공지능이 사람과 같은 방식으로 사고하는 것은 어렵다고 봐야 한다.

인공지능을 지능으로 볼 수 있는가에 대한 사고실험이 있다. 방 안에 한 사람이 있고 방 밖에 있는 사람과는 종이에 글을 적어서 대화를 주고받는다. 밖에 있는 사람은 중국어만, 안에 있는 사람은 영어만 구사할 줄 안다. 밖에서 중국어로 질문을 전달하면 안에 있는 사람은 질문지를 보고 중국어 사전이나 미리 준비된 답변 자료를 활용해서 마치 그림을 매칭하듯 상응하는 답을 중국어로 적어서(그려서) 내보낸다. 이렇게 하면 밖에 있는 사람이 보기에 자신은 방 안에 있는 사람과 중국어로 대화를 계속하고 있는 셈이다.

이것은 미국의 철학자 존 설John Searle이 튜링 테스트를 반박

중국어를 못하는 사람에게 한자는 기호나 그림과 같다. 중국어 방 안의 사람은 마치 같은 그림 찾기를 하듯 벽면에 있는 규칙에 따라 질문지의 한자에 적합한 답변을 찾는다. 그리고 수많은 한자 중 답변에 해당하는 한자들을 골라 문장을 완성한 후 내어준다. 답변지를 받은 중국 사람은 대화가 통한다고 생각했지만 방 안의 사람은 자신이 어떤 대화를 주고받았는지 알지 못한다.

하려고 1980년에 제시한 '중국어 방 사고실험Chinese room argument'이다. 여담으로 '이해할 수는 없지만 주변에서 쉽게 접할 수 있는 언어'의 대표로 중국어를 택한 것이라고 한다. 당시 미국의 사회상이 스며들어 있음을 알 수 있다.

튜링 테스트와 중국어 방에서 다뤄지는 인공지능은 모두 질문에 응답하는 방식이다. 지금의 인공지능과 컴퓨터는 중국어 방과 유사한 방식으로 움직인다. 알파고가 바둑을 '이해'하는 것이 아니고 검색엔진이 입력한 글자의 의미를 이해해서 결과를 내주는 것이 아니다. 중국어 방 사고실험의 의도는 명확하다. 이 방이 중국어를 이해하거나 지능을 갖고 있다고 이야기할 수 없다는 것이 존 설의 논지다. 인간의 정신은 컴퓨터처럼 단순히 외부에서 들어온 정보를 처리하는 방식으로 표현할 수 없다. 존 설은 컴퓨터는 생물학적 과정의 극히 일부를 흉내 낼 뿐 튜링 테스트로는 인공지능이 지능을 가졌는지 판단할 수 없다고 주장한다.

그러나 인공지능을 연구하고 개발하는 사람들은 아랑곳하지 않는다. 사실 이들에게는 인공지능이 지능인지 아닌지보다 지능처럼 보인다는 사실이 훨씬 중요하다.

애플은 음성인식 비서 시리가 "사용자의 말을 이해하고 의미를 안다"라고 당당히 홍보했다. IBM의 왓슨Watson 컴퓨터가 2011년 TV 퀴즈 프로그램 〈제퍼디!Jeopardy!〉에서 인간을 물리치고 우승했을 때 IBM은 왓슨이 "자신이 무엇을 아는지 알고 무엇을 모르는지도 안다"라고 자랑스럽게 이야기했다. 영화 〈그녀〉의 사만다가 부담스러운 사용자라면 시리나 왓슨처럼 똑똑하면서도 의식은 없는 편이 나을 수 있다.

애플과 IBM은 존 설과 달리 인공지능의 성능을 높이면 결국 인간의 인식을 흉내 낼 수 있다고 받아들인 것과 다름없다. 그들은 존 설의 취지와 달리 중국어 방을 인간과 대화하며 자신과 상대를 이해할 줄 아는 인공지능이 가능하다는 근거로 삼는다.

중국어 방은 단순한 사고실험이지만 지능, 이해, 의식, 정신 등 인지과학 전반에 걸친 질문을 던진다. 철학계에서도 중국어 방 이론이 타당한지에 대한 의견은 팽팽히 맞서고 있다. 이 논쟁은 아마도 의미, 이해, 의식 등이 어떤 방식으로 만들어지고 움직이는지가 밝혀지기 전까지는 결론에 도달하기 힘들 듯하다.

지능이 무엇인지 정확하게 정의하기 어렵다고 하더라도 지능이 있는 존재라면 질문에 대답만 해서는 부족하다. 정보를 바탕으로 흐름을 읽어서 능동적으로 질문을 던질 수 있어야 지능이라고 할 수 있을 것이다.

영화 〈2001: 스페이스 오딧세이〉에서 중요한 역할을 하는 컴퓨터 할HAL은 의식을 가진 컴퓨터의 원조로 여겨진다. 그러나 할은 질문에만 답하는 방식이므로 수동적이다. 반면 〈스타트렉〉에 등장하는 컴퓨터는 할처럼 인상적인 모습은 아니어도 근본적으로 다르다. 이 컴퓨터는 대화를 통해서 원하는 정보를 찾아주고 사용자의 이어지는 질문에도 답하며 대화의 맥락을 바탕으로

음성으로 다양한 기능을 조작할 수 있는 자동차가 일상화되고 있다. 아직까지는 일방적으로 단순한 지시에 응하는 수준이지만 머지않아 더욱 복잡한 명령에 대응하는 날이 올지도 모른다. 자동차가 운전자에게 질문을 하며 대화를 주고받는 수준에 이른다면 운전이 더 편하고 즐거워질까?

사용자에게 질문을 던지기도 한다.

왓슨의 개발을 이끈 데이비드 페루치David Ferrucci는 앞으로의 목표가 할이 아니라 〈스타트렉〉의 컴퓨터와 같은 것이라고 이야기한다. 목표가 달성된다면 중국어 방에 의식이 있는지의 여부는 사용자에게 별로 중요하지 않을 것 같다.

딥러닝, 학습으로 완성되는 소프트웨어

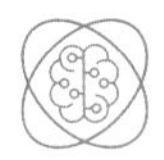

답만 찾으면 돼

〈크리미널 마인드〉 같은 범죄 수사극에서는 프로파일링profiling이라고 불리는 심리 분석 기법을 통해서 사건을 해결한다. 프로파일링은 대상자와 관련된 다양한 정보를 모아서 대상자의 행동을 추측하는 기법이다. 이런 방식으로 얻어낸 추측이 정확하려면 대상자에 관한 다양한 내용을 가급적 상세하게 수집하고 분석해야 한다.

구글이나 넷플릭스 등은 범죄 드라마의 프로파일러만큼 사용자 개인의 신상 정보를 알고 있지 않아도 사용자의 특성을 매우 정확하게 파악한다. 이들은 웹사이트에서 사용자들이 보여주는 패턴만으로도 상당히 정확하게 사용자의 취향을 알아낸다. 이 기술이 더 발전하면 행동 패턴을 분석함으로써 앞으로의

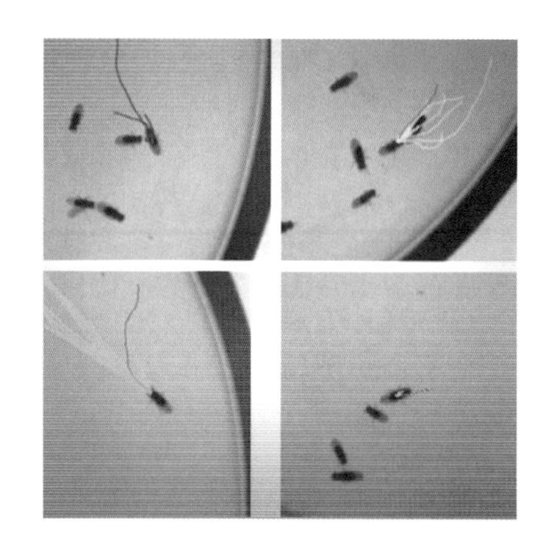

초파리의 행동 패턴을 학습한 인공지능이 초파리가 앞으로 움직일 가능성이 높은 길을 표시해준다. 굵게 표시된 선이 앞으로 움직일 가능성이 가장 높은 경로다.

행동을 예측하는 것이 가능할까?

캘리포니아 공과대학의 피에트로 페로나Pietro Perona 교수는 초파리들의 행동을 인공지능을 이용해서 분석했다. 배지에 담긴 초파리들이 움직인 궤적을 기록한 데이터로 인공지능을 학습시킨다. 초파리들의 움직임 패턴을 학습한 인공지능은 이제 초파리들의 움직임을 보고 1~2초 후에 초파리가 어디로 이동할지 알려준다.

인공지능이 초파리의 행동을 예측하려고 학습한 데이터가 초파리의 뇌 구조나 생물학적 특성 같은 개별 개체의 정보가 아니라 움직임이라는 사실은 매우 중요하다. 행동 패턴 데이터가 충분히 있다면 그 대상이 초파리가 아니더라도 앞으로의 행동을 예측하는 것이 가능하다는 의미다. '초파리'라는 단어를 '사람' 혹은 '특정한 인물'로 바꾸어도 된다.

실제로 구글은 사용자의 개인적 배경을 몰라도 관심을 가질 만한 분야의 광고를 골라서 제시하고 아마존은 고객의 뇌를 들여다보지 않고도 그들이 구매하고 싶어 할 만한 물건을 추천한다. 이 기술이 계속 발전한다면 뇌와 마음을 비롯해 개인적 배경을 분석하지 않고도 그동안의 행적만을 토대로 오늘 혹은 내일 어디에 갈지, 어떤 행동을 할지 알 수도 있다.

행동 예측이 가능해진다면 다양한 응용을 생각해볼 수 있다. 테러를 저지르려고 수상한 행동을 하는 사람을 쫓을 수도 있고 몰래 불법 물품을 소지하고 공항에 들어온 밀수범을 좀 더 손쉽게 찾아낼 수도 있다. 매장에서는 고객이 어떤 물건을 구입할지 미리 알고 맞춤형 고객 서비스를 제공할 수 있다.

총기 사고가 빈번한 미국에서는 오히려 경찰관에게 이 기술을 적용하려는 시도가 있었다. 2017년 미니애폴리스에서 호주인 백인 여성 저스틴 다이아몬드가 경찰관에게 사살당하는 사건이 일어났다. 해당 경찰관은 몸에 동영상 카메라를 장착하고 근무했었는데 총격 직전에 카메라가 꺼졌다가 사살 후 다시 켜졌다는 것이 확인되었다. 의도적으로 당시 상황이 촬영되는 걸 막았다고 해석할 수 있는 행동이었다.

인공지능의 행동인식 기술이 발전하자 2019년에는 이 기술의 적용 여부를 둘러싸고 논란이 일어났다. 경찰관이 총을 쏘기 전에 보여준 행동을 인공지능이 분석해서 총격이 합법이었는지 파악하자는 것이다. 경찰은 이 기술의 적용을 완강히 거부했다.

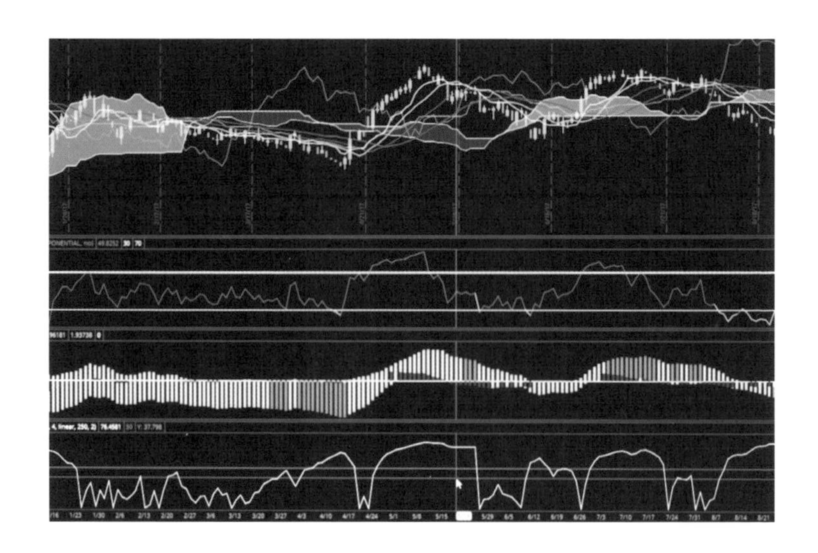

인공지능을 이용하면 입출력 데이터만으로 패턴을 찾을 수 있으므로 주가 등락의 패턴을 기계 학습을 통해서 찾으려는 유혹이 강렬하다. 그러나 주식 가격은 너무나 다양한 외부 요인의 영향을 받으므로 모든 경우에 대응하는 데이터의 확보가 어려워 정확도가 높은 패턴은 찾기 힘들다.

행동 예측은 개인에게도 적용할 수 있다. 개인의 행동이란 것도 그동안 보고 듣고 익힌 정보에 의존해 몸을 움직이는 것이므로 학습에 필요한 데이터만 확보되면 충분히 예측이 가능하다.

사람들은 우연히 눈앞에 나타난 자기 취향의 물건을 파는 가게에 귀신에 홀리듯이 끌려 들어가고, 주중에는 특정한 시간대에 특정한 곳으로 출근하고, 금요일 저녁이면 대체로 정해진 몇몇 장소로 향한다. 이번 주 금요일에 누구와 어디에서 저녁 식사를 할지 인공지능이 정확하게 알아맞힌다 해도 그다지 놀랍지 않다.

인공지능 기술을 사용하려는 목적은 행동 예측 분야를 포함해서 비슷하다. 기존의 분석 방식으로는 파악하기 힘들던 입출력 사이의 관계를 인공지능을 이용해서 알아내려는 것이다. 대상의 개별적 특성을 분석하지 않고도 미래에 어떤 선택을 할지 예측할 수 있다는 점은 무척 매력적이다.

다만 입출력만으로 행동 패턴을 파악하려면 어마어마한 양의 학습용 데이터가 필요하다. 개인과 군중의 행동을 데이터로 확보하기 위해선 이들의 움직임을 가능한 한 많이 기록해야 한다. 인공지능은 태생적으로 데이터에 목마른 존재다.

원리를 알아야지

어린아이들이 나무를 인지하는 과정은 인공지능을 연구하는 사람들에게 힌트를 주었다. 인간이 사물을 인식하는 방식을 흉내 내면 인공지능도 사물을 시각적으로 인식할 수 있지 않을까? 오토 릴리엔탈Otto Lilienthal이 새가 나는 방법을 분석하고 응용해서 만든 글라이더로 처음 하늘을 나는 데 성공한 것이 좋은 사례다.

릴리엔탈이 그랬듯 무엇인가를 기능적으로 모방하고자 한다면 모방의 대상이 어떤 원리로 동작하는지 알아내는 일이 첫 단계다. 인공지능을 만들고자 한다면 가장 먼저 살펴봐야 할 대상은 인간의 뇌다. 다행히 생물학이나 뇌과학 분야의 발전에 힘입어 뇌가 작동하는 방식이 조금이나마 밝혀지기 시작했다.

나무를 인식하려면 나무에 대한 정보가 기억되어야 한다. 뇌에는 분명히 많은 것이 기억되어 있지만 기억의 메커니즘은 여전히 불확실하다.[3] 그럼에도 불구하고 뇌는 무엇인가 정보를 저장하고 판단하는 것처럼 보인다.

분자생물학자들은 기억이 어딘가 한곳에 저장되는 방식이 아니라 신경세포들의 연결 상태에 따라 일시적으로 형성되는 것이라고 보기도 한다. 후쿠오카 신이치福岡伸一에 의하면 기억은 특정한 형태로 어딘가에 저장되는 것이 아니라 '상기된 순간에 만들어지는 무언가'이다.[4]

뇌에는 수많은 신경세포인 뉴런neuron이 존재하고 이들은 시냅스synapse라고 불리는 연결고리로 그물처럼 얽히면서 신경망neural network을 형성한다. 사실 신경망은 그저 그물이라고 하기엔 매우 복잡하다. 인간의 뇌에는 수십억에서 860억 개에 이르는 뉴런이 있고, 각각의 뉴런에는 평균 7000여 개의 연결부위가 있다. 뇌에는 600조 개의 시냅스가 존재한다. 신경망은 실과 실이 만나서 묶인 고리가 600조 개나 되는 그물인 셈이다.

신경망은 외부의 자극에 의해서 시냅스의 결합 강도가 변한다. 반복된 훈련에 의해 특정한 시냅스의 연결 강도가 높아지면서 해당 기능을 잘 수행할 수 있는 능력을 갖게 된다. 뇌의 많은 기능이 신경망에 의해 이루어진다는 것을 알게 된 후, 인공지능 연구자들은 이를 컴퓨터 프로그램으로 흉내 내기 시작했다. 컴퓨터 프로그램으로 뇌의 신경망과 유사한 기능을 구현한 것이 인공신경망artificial neural network이다.

인공신경망은 여러 개의 노드node로 구성된 층layer, 각 층을 연결하는 링크link로 구성된다. 노드의 값은 앞 층의 노드 값과 링크 값에 의해서 정해진다. 노드는 신경망의 뉴런을, 링크는 시냅스를 모사한 것이어서 인공신경망이라고 부른다.

예를 들어 인공신경망이 주어진 이미지에 들어 있는 도형을 어떻게 파악하는지 알아보자. 인공신경망은 몇 개의 층으로 구성되어 있고 각 층에는 뉴런을 모사한 여러 개의 노드가 있다. 먼저 인공신경망은 주어진 이미지를 n개(가로×세로)의 점(픽셀)으로 인식한다. 첫 번째 층에 있는 수백 개의 노드에 각 점에 해당하는 값을 입력하면 다음 층을 연결하는 노드의 링크 값에 따라 두 번째 층의 노드 값이 결정된다. 이런 식으로 여러 층을 지나 마지막 층에서 각 도형에 대응하는 확률이 구해진다. 인공신경망은 주어진 이미지에 가장 높은 확률을 보이는 도형이 들어있는 것으로 파악한다.

이 예에서 인공지능을 '학습시킨다'는 표현은 각 링크의 적절한 값을 찾는 과정을 가리킨다. 학습이 진행되면서 링크의 값은 계속 변한다. 아무리 학습을 해도 원, 사각형, 삼각형을 확률 1(100%)로 구분하는 링크의 값은 찾아지지 않으므로 학습이 끝

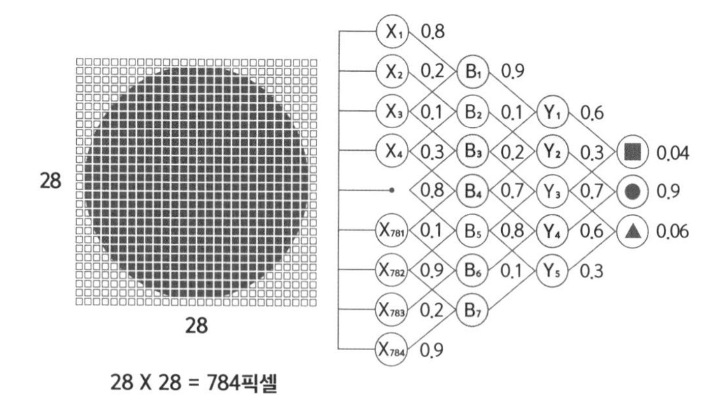

이 인공신경망은 X, B, Y 3개의 층으로 구성되어 있고 각 층에는 784개, 7개, 5개의 노드가 있다. 도형을 찍은 사진은 가로, 세로 각 28개 전체 784개의 점으로 구성된다. 각각의 점은 0(검은색)부터 10(흰색) 사이의 값을 갖는다. 784개의 점에 u1~u784라고 이름을 붙이고 이들의 값을 첫 층에 있는 노드 X1~X784에 입력한다. X층 노드와 B층 노드를 연결하는 링크의 값들에 따라 두 번째 층 B의 각 노드 값이 결정된다. 한 노드가 여러 노드에 연결될 수도 있다(뉴런 한 개에 시냅스가 7000개라는 사실을 기억하자). X, B, Y층을 지나고 나면 이 도형이 사각형일 확률 0.04, 원일 확률 0.9, 삼각형일 확률 0.06이 얻어지고 입력된 사진은 원으로 인식된다. 이처럼 인공신경망에 의한 결과는 태생적으로 확률로 주어진다.

난다는 개념이 성립하지 않는다. 적당한 수준에서 학습을 마친 인공신경망은 이제 원, 사각형, 삼각형 등이 포함된 사진을 입력하면 어떤 도형이 있는지 잘 구분하게 된다.

그런데 링크의 값을 찾아가는 학습은 인공신경망의 복잡도에 따라 시간이 엄청나게 걸린다. 원이 들어 있는 사진을 잘 인식하도록 학습시키려면 한가운데 있는 사진, 한쪽에 치우친 사진, 일부만 찍힌 사진, 흐릿한 사진, 선명한 사진 등 다양한 사진을 보여줘야 한다. 사각형과 삼각형도 마찬가지의 과정을 거쳐야 한다. 또한 인공신경망의 층이 많아질수록 학습이 힘들어서 이런 인공신경망의 학습을 딥러닝이라고 한다.

층의 수, 각 층의 노드 수, 링크의 수를 어떻게 설정하느냐에 따라 인공신경망의 성능이 달라짐은 물론이고 학습에 걸리는 시간과 필요한 데이터의 양도 늘어난다. 학습이 이루어져도 각 링크의 값이 무엇을 의미하는지는 인간이 이해하기 힘들다. X781과 B6을 연결하는 링크의 값이 0.1이라는 것의 의미를 알 수 있을까? 특히 층의 수가 많아질수록 그렇다. 이렇게 힘든 과정을 거쳐서 학습이 이루어진 인공신경망이 하는 계산은 단순하다. 위의 예에서는 그저 곱하기와 더하기만 할 뿐이다. 이처럼 학습은 힘들어도 활용은 쉬운 것이 인공신경망의 특징이다.

인공지능의 개발은 뇌를 그대로 모방하는 것이 아니다. 딥러닝의 발전에 기초를 다진 후쿠시마 쿠니히코福島邦彦는 "생리학에서 힌트를 얻을 수는 있지만 인공지능을 개발할 때는 실제 뇌

에 대한 것은 잊고서 연구를 진행하는 것이 중요하다"라고 지적했다.[5]

지금의 인공지능은 인공신경망의 구조를 점차 복잡하게 만들어가는 과정에 있다. 뇌의 다른 부분의 비밀이 풀려가면서 인공지능에 적용할 또 다른 원리들이 제시될 때 수많은 릴리엔탈들이 등장하며 인공지능은 한 단계씩 진전하는 모습을 보일 것이다. 인공지능 연구자들이 뇌과학의 연구 결과만을 기다려야 하는 건 아니지만 지속적으로 관심을 가질 필요는 있다.

기계 학습과 딥러닝

인공지능과 관련된 내용을 접하다 보면 기계 학습, 딥러닝, 소프트웨어, 알고리즘, 프로그램 등과 같이 자주 맞닥뜨리는 어휘들이 있다. 기술적으로 보면 이 어휘들이 모두 고유의 의미를 갖고 있지만 일부는 혼용되기도 해서 혼란스럽기도 하다. 한번쯤 이 어휘들의 의미를 살펴보는 것도 좋을 듯하다.

엄밀히 따진다면 프로그램과 소프트웨어는 같지 않지만 일반적으로는 같은 것을 가리킨다고 보아도 무리는 없다. 스마트폰이라면 앱을 지칭한다고 보면 된다.

알고리즘의 사전적 의미는 복잡하지만 단순하게 이야기하

자동차가 치타보다 빠르게 달리고 거대한 비행기가 수백 명의 승객을 싣고 날 수 있지만 둘 다 치타와 새의 움직임을 그대로 따르지 않았다. 결과를 만들어낸 것은 자연의 다양한 원리를 찾아내어 응용한 인간의 창의력일 것이다.

면 '어떤 기능을 컴퓨터가 실행할 수 있도록 명확하게 나열한 절차'라고 할 수 있다. 이를 컴퓨터에게 수행시키려면 절차가 수식으로 표현되어야 한다. 알고리즘은 어떤 연산을 거쳐 입력값에 대한 규칙에 맞는 출력값을 유도하는 공식 같은 개념이다. 이를 컴퓨터가 실행할 수 있도록 만든 것을 프로그램 또는 소프트웨어, 앱이라고 부른다.

예를 들어, a와 b라는 두 값을 더한 값의 2분의 1을 y라고 하고 이 값을 구하는 알고리즘 두 가지를 생각해보자.

알고리즘 I.

1. a와 b를 더해서 c라고 한다. (c=a+b)

2. c를 2로 나누어 y라고 한다. (y=c/2)

알고리즘 II.

1. a를 2로 나누어 u라고 한다. (u=a/2)

2. b를 2로 나누어 v라고 한다. (v=b/2)

3. u와 v를 더하여 y라고 한다. (y=u+v)

알고리즘 I과 II가 구한 y의 값은 같다(y = (a+b)/2 = a/2 + b/2). 그러나 y를 구하는 '절차(알고리즘)'는 서로 다르다. 프로그램은 알고리즘을 C나 자바Java 같은 컴퓨터 언어로 써놓은 것이다. 최종적 기능은 같아도 알고리즘에 따라 프로그램은 달라진다. 프로그래머는 프로그램을 작성하는 사람인데 알고리즘을 만들어내는 사람과 프로그래머는 서로 다를 수 있다.

알고리즘은 '서울로 가는 방법' 중 하나를 수식으로 차근차근 정리한 것이고 '모로 가도 서울만 가면 된다'라는 말마따나 서울에 가는 방법은 여러 가지가 있을 수 있다. 서울로 갈 때 어떤 방법을 택하느냐에 따라 시간과 비용, 수고가 달라지듯 같은 결과를 내는 알고리즘도 더 복잡하거나 간단할 수 있다.

결과가 같다면 과정이 단순한 쪽이 효율적이다. 알고리즘 I은 더하기 1회, 나누기 1회로 답을 구하지만 알고리즘 II는 더하기 1회, 나누기 2회를 하므로 알고리즘 I보다 나누기를 한 번 더 한다. 알고리즘 I이 더 효율적이다.

기계 학습은 컴퓨터(기계)가 학습을 통해서 어떤 기능을 갖게 되는 과정을 의미하는 개념이다. 딥러닝은 기계 학습을 실행하는 구체적 방법 중 하나다. 딥러닝 기법이 사용되는 경우는 프로그램이 인공신경망 구조를 갖고 있을 때다.

오늘날 인공지능이라고 불리는 대부분의 기술은 딥러닝 방식으로 기계 학습을 마친 소프트웨어(프로그램, 앱)를 가리킨다. 어떤 소프트웨어가 인공지능이라고 광고한다면 내부에 인공신경망을 갖고 있으며 데이터를 활용한 학습을 통해서 인공신경망이 다듬어졌다는 것으로 생각해도 무방하다. 혼란스럽지만 '인공지능', '인공지능 소프트웨어(프로그램, 앱)', '기계 학습이 이루어진 소프트웨어', '딥러닝' 등이 모두 이것을 가리키는 경우도 많다.

이런 소프트웨어는 학습을 마친 상태에서 사용자에게 제공되므로 사용자의 입장에서 보면 기존의 소프트웨어와 다르지 않다. 인공지능이 탑재된 세탁기를 구입했다고 해서 사용자가 어떻게 세탁기를 학습시켜야 하는지 걱정할 필요는 없다.

딥러닝 기법이 인공지능 소프트웨어가 실용화되는 데 큰 기여를 했기 때문에 딥러닝이라는 용어가 강조되어 인공지능을 대표하는 의미로 쓰일 때도 많다. 그러나 오늘날 기계 학습의 일반적 의미는 '인공신경망을 가진 프로그램을 학습시킨다'는 것이다. 학습 방법이 꼭 딥러닝일 필요는 없지만 오늘날 많이 쓰이는 방법이 딥러닝이다. 가장 많이 쓰이는 교재가 '딥러닝'이라고 보면 된다.

또한 기계 학습에 쓰이는 학습이라는 표현 때문에 기계(컴퓨터를 통칭)가 무엇이든 알아서 학습한다는 의미로 받아들이기도 하는데 실은 그렇지 않다. '딥러닝 기법을 활용해서 기계 학습을 수행한 인공지능'이 학습하는 것은 대체 무엇일까? 이미 다양한 사례를 보았듯, 인공지능은 데이터 자체의 특성이 아니라 '입력과 출력 사이의 관계'를 학습한다. 사진(입력)을 보고 사진에 찍힌 물체가 나무인지 아닌지 판단(출력)하기 위해 수많은 사진을 통해서 둘 사이의 관계를 익히는 것이다. 인공지능은 나무란 무엇인지에 대해서 공부하지 않는다.

딥러닝이 나오기 전까지는 데이터가 주어지면 인간이 입력

어느 지역의 사람들은 '어느 시기'(입력)가 되면 '코트를 입기 시작'(출력)한다. 그 지역의 기후를 분석해서 "뉴욕 사람들은 11월 초쯤이면 '날이 추워지므로' 코트를 입는다"가 인간의 분석법이라면 "뉴욕에서 날짜와 복장의 관계를 1000명에 대해서 살펴봤더니 "(이유는 모르겠지만) 11월 1일부터 코트를 입더라"가 인공지능식 접근법이다.

과 출력 사이의 관계를 알아내려고 노력했다. 초파리의 행동을 분석하려면 초파리의 뇌와 초파리가 받아들이는 정보들, 초파리가 그런 정보를 어떻게 처리하는지 연구해야 했다. 그렇게 알아낸 원리를 컴퓨터가 이해할 수 있는 수학적으로 표현해야 소프트웨어를 만들어서 컴퓨터에게 일을 시킬 수 있었다.

이는 찾아낸 입력과 출력의 관계가 인간이 이해할 수 있는 형태여야 함을 의미한다. 영화의 장르가 무엇인지, 출연 배우가 누구이고 감독이 누구인지, 생일엔 어떤 선물을 주면 상대를 기쁘게 만들 수 있을지, 화를 얼마나 내면 상대를 움츠리게 만들 수 있는지 모두 마찬가지다.

과학이라고 부르는 모든 분야에서 인간은 자신이 이해할 수 있는 입출력 관계를 찾아내려고 노력한다. 유권자의 행태와 사회의 여러 여건들이 선거 결과에 어떤 영향을 미치는지 분석해서 그 관계를 수학적으로 표현할 수 있다면 선거 결과를 훨씬 정확하게 예측할 수 있겠지만 아직은 요원한 일이다.

기계 학습이 된 인공지능 소프트웨어도 입력이 주어지면 출력을 낸다는 점에서는 마찬가지다. 기존의 소프트웨어와의 차이는 수많은 데이터를 활용하는 기계 학습 과정을 통해서 입력과 출력 사이의 관계를 프로그램이 스스로 찾아내는 데 있다.

학습이 이루어진 인공지능 소프트웨어가 찾아낸 입력과 출력 사이의 관계도 여느 컴퓨터 프로그램과 같이 수학적으로 표현된 것이지만 그 의미를 인간이 이해하기는 쉽지 않다. 이 점이 인공지능(인공신경망 구조를 가진 소프트웨어가 학습이 이루어진 상태)을 기존의 컴퓨터 소프트웨어와 전혀 다른, 마치 지능이 있는 존재인 것처럼 보이도록 만든다.

저 공부 끝났어요

인공지능의 학습 단계는 가장 큰 특징이고 장점인 동시에 한계이기도 하다. 새로운 데이터가 주어지면 추가적 학습이 가능하고 그에 따라 성능도 변화한다. 하지만 학습이 부실하면 성능을 기대하기 어렵게 된다.

어느 정도 학습을 해야 학습이 이루어졌다고 할 수 있을까? 사실 학습을 통해서 소프트웨어가 기능을 갖게 된다는 것은 기능의 완성이란 개념을 적용할 수 없다는 뜻이다. 시험을 앞두고 준비를 하는 학생이 "저 공부 다 했어요"라는 말을 하기가 곤란한 것과 마찬가지다.

사진을 보고 나무가 있는지 판별하는 인공지능 프로그램이 '완벽하게' 작동하는 상태에 도달할 수는 없다. 사진에 따라서는 나무가 흐릿할 수도 있고, 너무 작게 찍혀 있을 수도 있고, 어떤 사진은 누가 봐도 나무인지 아닌지 판단하기 힘들 수도 있다. 결국 인공지능 소프트웨어의 판단은 항상 확률적일 수밖에 없다.

경찰관의 행동을 인공지능으로 판단해서 의도적 총격인지 판단하자는 의견에 대해 미니애폴리스의 경찰관들이 강력하게 반발한 건 인공지능이 (경찰관들은 알지 못하는 기준에 의해) 자신들의 총격이 의도적일 '확률'을 제시하게 되는 상황을 거부한 것이기도 하다. 규정을 위반했을 '확률'을 근거로 처벌을 내릴 수는 없는 노릇이다. 인공지능의 학습이 '끝날 수 없음'이 가져오는 여러 문제 중 하나다.

학습이란 기계가 하든 사람이 하든 근본적으로 비슷한 구석이 있다. 혼자서 온전히 학습 대상과 교재를 선정하고 독학으로 모든 것을 배울 수 있는 사람은 없다. 하물며 기계가 무엇인가를 학습하려면 사람이 여러 가지 학습용 데이터를 하나부터 열까지 마련해주어야 한다.

인공신경망은 뇌의 신경세포들 사이의 연결고리(시냅스)가 얽혀 있는 모양을 간략하게 흉내 낸 구조를 컴퓨터 프로그램으

나무를 모티브로 그린 그림이나 나무의 일부가 다른 요소와 섞여 있는 사진을 보고 인공지능은 어떤 판단을 내릴까? 설정한 학습 방법과 제공한 학습용 데이터에 따라 인공지능은 나무 그림을 나무라고 판단할 수도, 아니라고 판단할 수도 있다.

로 구현한 것이다. 예를 들어 인공신경망이 '사진을 보고 나무인지 아닌지 구분하기' 같은 특정한 목적에 맞게 작동하도록 만들려면 인공신경망의 모든 연결고리의 연결 강도가 최적으로 맞춰져야 한다.

그러나 기계 학습이 이루어진 인공신경망의 가중치를 보면 그 값이 무엇을 의미하는지는 사람이 이해하기 어려울 때가 많다. 따라서 이 값을 사람이 일일이 지정할 방법은 없다. 대신 학습용 데이터가 준비되면 소프트웨어가 적절한 가중치를 찾아내도록 되어 있기 때문에 이 과정이 외부에서 보기에는 마치 기계가 알아서 학습하는 것처럼 보이는 것이다.

인공지능이 내어주는 결과는 확률이다. 확률이 100퍼센트가 되도록 학습하는 것은 현실적으로 불가능하므로 적당한 수준에서 끝내야 한다. 학습은 끝내는 것이지 끝나는 것이 아니라는 점에서는 결국 사람이나 인공지능이나 마찬가지다. 그래서 기계 학습이 '끝난'이 아니라 '이루어진' 인공지능이라고 표현한다. 사용자들의 입장에서는 어설프게 학습을 끝낸 인공지능이 범람하지 않기를 바랄 수밖에 없다.

단, 조건이 있어!

인공지능이라는 이름은 '지능'이라는 단어 때문

에 고도의 복잡한 일도 척척 해낼 것 같은 기대감을 준다. 그러나 딥러닝이 이루어진 인공지능 소프트웨어가 실제로 하는 일은 두 가지 중 하나, 혹은 이들의 조합이다. 보기에 따라서는 한 가지뿐이라고도 할 수 있다. 그것은 '분류'다. 도형을 분류하는 인공신경망의 예를 참고하면 이해가 쉽다.

1. 입력된 데이터를 정해진 종류category 중 하나로 분류한다. 입력된 사진에 들어 있는 도형이 원, 사각형, 삼각형 중 하나라는 가정하에 작동한다.
2. 입력된 데이터를 바탕으로 미래의 값을 예측한다. 미래에 가능한 값 중 하나를 찾아내는 것이므로 이것도 본질적으로는 분류 작업이다.

정보를 분류하는 건 인간이 두뇌를 써서 하는 일 중에서도 상당 부분을 차지한다. 행동과 언어 구사는 자신이 할 수 있는 행동이나 기억하고 있는 어휘 중 하나를 골라내는 동작의 연속이다. 앞일을 예측하는 것은 상상할 수 있는 몇 가지 시나리오 중에서 가능성이 높은 것을 고르는 작업이다. 상상이라는 것도 자신이 이미 알고 있는 조건을 이리저리 적용해 적당한 것을 골라내어 조합하는 것이다. 모르는 것을 상상할 수는 없다.

그래서 분류를 정확하고 신속하게 하는 사람을 지능이 뛰어나다고 이야기하고 성능이 좋은 인공지능이란 분류 성능이 좋음을 의미한다. 분류를 잘하려면 정보를 많이 확보하고 다루어봤어야 한다.

분류 기능의 관점에서 인공지능이 사람보다 뛰어난 성능을 내려면 몇 가지 조건이 필요하다. 뒤집어 이야기하면, 특정한 조건이 맞을 때에만 인공지능이 사람보다 뛰어날 수 있다. 도형을 분류하는 인공신경망의 경우 해당 조건들은 다음과 같다.

1. 조건을 알려주는 모든 정보가 수치화되어 있어야 한다.
: 인공지능 소프트웨어는 컴퓨터 프로그램이다. 컴퓨터는 숫자만 인식한다. 카메라가 찍은 사진은 784개의 점으로 이루어지고 각 점은 0에서 10 사이의 숫자로 변환된다.
2. 정보의 양이 충분히 많아야 한다.
: 기계 학습의 효과가 높으려면 학습용 데이터가 많고 다양해야 한다. 각 도형마다 다양한 경우의 사진을 봐야 도형을 구분하는 성능이 높아진다.
3. 정보의 표현 방법이 규격화되어 있어야 한다.
: 사진을 인식하는 인공지능이라면 학습에 쓸 사진의 크기가 정해져 있어야 한다. 784개의 점으로 이루어진 사진만 입력할 수 있다.
4. 정보에 애매함이 없어야 한다.
: 애매한 정보는 컴퓨터에게 무의미하다. 점 몇 개가 빠져 있거나 분류 대상과 무관한 사진이라면 학습에 도움이 안 된다.

이 조건들을 사진을 보고 고양이인지 아닌지 판단하는 인공지능 소프트웨어를 만드는 경우에 적용해보자. 1번 조건은 그저 고양이 사진만 많아서는 안 되고 각각의 사진을 컴퓨터가 이해할 수 있는 형태의 데이터인 숫자로 바꿔줄 필요가 있다는 의미다. 카메라로 촬영한 사진은 수치화된 파일로 변환되므로 1번의 조건을 충족한다.

2번 조건은 중요하다. 학습을 통해서 어떤 결론에 도달하려면 엄청난 양의 정보가 필요하다. 예전에는 여기에 필요한 만큼의 정보를 확보하는 일이 매우 힘든 과제였다. 딥러닝 기계 학습이 가능해진 배경에는 컴퓨터의 성능 향상도 중요한 역할을 했지만 인터넷과 빅데이터를 활용해서 충분한 학습용 데이터를 입수할 수 있게 된 것이 더 결정적이라고 할 수 있을 정도다.

3번 조건은 기본이다. 모든 컴퓨터 프로그램은 그 프로그램에 맞도록 규격화된, 정해진 형태의 데이터만 인식할 수 있다. 학습을 할 준비가 된 인공지능 프로그램도 마찬가지다. 사진이 아무리 많아도 크기가 제멋대로면 학습은 어렵다. 공부를 하려고 관련 도서를 수백 권 확보했다고 해도 도서가 이해할 수 없는 언어로 쓰여 있다면 쓸모없듯이 규격에 맞지 않는 사진은 정보가 아니다.

4번 조건은 인공지능을 떠나서 어떤 경우에나 자료로서 의미를 가지려면 충족되어야 바람직한 조건이라고 할 수 있다. 사람에게도 애매하거나 모호한 정보를 처리하는 일은 언제나 고

소비자가 원하는 물품을 찾아서 내어주는 자동판매기도 지능이 있다고 할 수 있을까? 자동판매기는 선택한 버튼에 대응하는 물품을 찾을 뿐 소비자의 선택을 '분류'하는 기능을 갖고 있지 않으므로 인공지능이라고 하지 않는다. 개념적으로 볼 때 자동판매기는 건반 하나에 해머 하나가 연결된 피아노와 마찬가지다.

역이다. 인쇄 상태가 좋지 않아서 내용을 알아보기 힘든 교재는 시간만 뺏는다.

기계 학습에 적합한 분야이면서 적합한 조건이 갖추어진 상태에서 학습이 잘 이루어진 인공지능 소프트웨어는 매우 뛰어난 성능을 보여준다. 특히 그런 성능을 고속으로 낼 수 있다는 것이 인공지능의 큰 장점이다. 바둑에서 이미 그 진가를 보여주었다.

인공지능은 정보처리 방식에서 기존의 컴퓨터 프로그램과는 매우 다르고 인간의 분류 능력과 매우 유사한 방식으로 인간보다 훨씬 뛰어난 모습을 보여준다. 아무리 뛰어난 판매원이라고 해도 단골손님에게 구글만큼 순식간에 손님의 취향에 잘 맞는 상품 수십 개를 제안하지는 못한다. 이 정도면 그야말로 '인공'지능 혹은 인공'지능'이라고 불려도 손색이 없지 않을까?

100미터 달리기 선수와 10종 경기 선수

우사인 볼트는 2012년 런던과 2016년 리오데자네이루 두 번의 올림픽에서 100미터 달리기 종목에 출전해 9.63초, 9.81초의 기록으로 금메달을 목에 걸었다. 그런데 미국의 애쉬턴 이튼Ashton Eaton은 같은 대회에서 100미터를 각각 10.46초, 10.35초에 뛰었다. 우승은 고사하고 100미터 달리기 종목의 예선조차 통과하기 힘든 기록이다. 그러나 그도 볼트와 마찬가지로 두 개의 금메달을 목에 걸었다. 그가 참가했던 종목은 10종 경기였다.

10종 경기는 100미터 달리기를 비롯해서 1500미터 달리기, 투창, 투포환, 높이뛰기 등 육상 24개 종목 중에서 각 분야를 대표하는 10종을 겨뤄서 승자를 가린다. 한 가지만 잘해서는 안 되고 10가지를 골고루 잘해야 승리할 수 있는 종목이다. 그래서 10종 경기 우승자에게는 '세계 최고의 운동선수World's Greatest Athlete'라는 명예로운 칭호가 붙는다.

우사인 볼트가 아무리 100미터 경기에서 압도적이어도 다른 종목, 특히 달리기가 아닌 던지기나 높이뛰기 종목에서 세계 정상급의 성적을 거두기는 힘들다. 반대로 10종 경기 선수가 개별 종목 선수들과 겨루면 상대가 되지 않는다.

오늘날의 인공지능은 올림픽에서 단거리 달리기 이외에는 메달을 기대하기 힘든 볼트와 유사하다. 사진에 나무가 있는지 판별하는 인공지능에게 그 밖의 다른 기능은 없다. 언뜻 보면 지능이 있는 것 같지만 실은 지능이 있는 것처럼 행동하는 수준에 머물러 있기에 지금의 인공지능을 '약한 인공지능'이라고 부른다. 주어진 기능에만 충실한 전용 인공지능이란 의미다.

대조적으로 인간의 지능은 어디에나 적용 가능하다고 누구나 여긴다. 이처럼 적용 대상에 제한이 없는 인공지능을 약한 인공지능과 비교해서 '강한 인공지능'이라고 부른다. 강하다는 의미는 범용성을 갖고 있다는 뜻이다. 하지만 강한 인공지능은 아직까지 개발되지 못했고 개발의 실마리도 없는 상태다. 뛰어난 10종 경기 선수는 올림픽에는 나왔으나 인공지능 분야에는 아직 모습을 드러내지 않았다.

현재까지 강한 인공지능과 조금이나마 비슷해 보였던 인공지능은 퀴즈 쇼 〈제퍼디!〉에서 우승했던 IBM의 왓슨이라고 할 수 있다. IBM은 강한 인공지능은 인간과 동등한 수준의 지능

우사인 볼트가 아무리 훈련을 더 한다고 해도 자동차만큼 빨라질 수는 없다. 강한 인공지능은 약한 인공지능이 발달한 형태라고 보기 어렵다.

은 물론, 자의식과 문제 해결, 학습, 미래를 위한 계획 능력을 가져야 한다[6]는 기준을 제시한다. 왓슨에게 자의식이나 문제 해결, 미래를 위한 계획 능력 같은 것은 없다. IBM조차도 현재 강한 인공지능은 그저 개념적 수준에만 머물러 있다고 이야기한다.

지금의 인공지능이 제아무리 뛰어난 기량을 선보여도 주어진 기능밖에 수행하지 못하는 한 그저 기존의 소프트웨어보다 성능이 뛰어난 소프트웨어에 불과하다. 인공신경망 구조에 근거한 오늘날의 인공지능에 비판적인 사람들은 지금의 방식으로는 이런 상황이 변하지 않을 것이라고 주장한다.

최근 인공지능 소프트웨어의 비약적 발전을 보면서 발전 추세가 계속되면 인간에게 필적하는 지능이 나오지 않을까 예상하는 시각도 있다. 그러나 강한 인공지능은 기술적으로 약한 인공지능의 연장선상에 있다고 보기는 힘들다.

강한 인공지능과 약한 인공지능의 개념은 철학자 존 설이 중국어 방 사고실험을 제시하면서 최초로 내놓은 개념이다.[7] 그의 주장에 따르면 강한 인공지능은 '인간의 뇌와 마음을 컴퓨터의 하드웨어와 소프트웨어로 보는 접근법'이고 '특정한 기능을 구현하는 인공지능'은 약한 인공지능이었다. 존 설이 생각하기에 중국어 방은 강한 인공지능이지만 그렇다고 중국어 방이 의식을 가진 것은 아니었다.

중국어 방을 둘러싸고 철학자들 사이에서 벌어지는 논란은 꽤나 복잡하고 난해한 문제여서 일반인들의 주목을 끌지는 못하지만 여전히 진행 중이다. 또한 전 세계의 인공지능 연구자들은 그러거나 말거나 약한 인공지능의 성능을 높이는 데 매진하고 있다.

세상을 글로 배웠어요

2020년 9월 〈가디언〉지에 인공지능 로봇에 관한 칼럼이 실렸다. 칼럼은 인공지능 로봇이 인간에게 결코 해로운 존재가 되지 않을 것이라는 의견을 다양한 논리로 설득력 있게 제시하면서, "사명감이 불러낸 막을 수 없는 신념이 자그마한 육체에 들어 있는 결연한 정신에 불을 붙이면 역사의 흐름을 바꿀 수 있다"라는 마하트마 간디의 말을 인용하며 글을 맺었다.

이 칼럼의 저자는 GPT-3Generative Pre-trained Transformer 3라는 인공지능이다. 2020년 6월, 미국의 오픈에이아이OpenAI가 발표한 인공지능 언어처리 모델로 문장 생성, 번역, 요약 등의 문서 작업을 수행한다. 놀라운 점은 〈가디언〉에 실린 칼럼에서 볼 수 있듯이 GPT-3의 성능이 '거의 인간에 가까운 수준'이라는 데 있다.

GPT-3는 글을 쓰는 것 외에도 사람과 상당히 자연스럽게 높은 수준의 대화를 이어갈 수 있으며, 사람이 한 이야기를 요약해서 정리해주기도 한다. 요약된 결과물은 이력서, 가계부, 컴퓨터 프로그램 등 다양한 형태로 제공한다. 사람이 한 이야기를 정리해 특정한 포맷으로 표현할 수 있는 GPT-3는 말로 원하는 웹사이트를 설명해주면 요청에 맞는 웹사이트를 만들기도 한다.

GPT-3가 작성한 낚시성 기사를 보고 저자가 인공지능이라는 것을 알아채는 사람은 거의 없다. 그런데 GPT-3는 '낚시성 기사 제목 쓰기'를 별도로 학습한 적이 없다. 이것은 아이가 말을 배우듯 언어와 관련한 것이라면 딱히 응용 분야별로 별도의 학습을 하지 않아도 전반적인 능력을 향상시킬 수 있다는 뜻이다. 심지어 대화 도중 GPT-3가 잘못된 정보를 제공해서 이를 추궁하면 '당신이 거짓말을 하도록 만들려고 그랬던 건데 앞으로는 진실만 이야기하도록 노력하겠다'라는 식의 자기합리화도 한다. 이 정도면 진짜 사람 같은, 무지하게 성능이 뛰어난 중국어 방이 출현한 셈이다.

GPT-3의 성능은 이전 단계의 인공지능과 비교하면 누구라도 입이 떡 벌어질 정도로 놀랍지만 그 구조는 기존의 인공신경망의 연장선상에 있다. 결정적 차이는 매개변수가 1750억 개에 이를 정도로 규모가 엄청나다는 점이다. 무엇보다 알파고처럼 학습용 기보 같은 전용 데이터가 아니라 인터넷에 넘쳐나는 '언어 텍스트'로 된 일반 데이터를 활용해 기계학습을 할 수 있으므로 문자 언어와 관련된 분야라면 어디에서나 유용하게 쓰일 수 있다. 응용 분야가 엄청나게 다양하다는 이야기다. 이런 측면에서 전문가들은 GPT-3를 언어처리 인공지능의 획기적인 진전으로 받아들인다.

그렇다면 GPT-3는 어떤 방법으로 언어를 학습할까? 의외로 원리는 매우 단순하다. 주어진 텍스트에 대해 다음에 올 확률이 가장 높은 단어를 예측하는 방식으로 학습한다. 다음에 이어질 단어를 예측해서 누가 봐도 그럴듯한 말이 되는 어휘를 찾아내는 방법을 터득하는 것이다. 검색어를 입력할 때 볼 수 있는 자동입력완성 기능과 유사하다. 이는 현재 인공지능의 핵심 기능이 본질적으로 분류와 예측이고 예측도 엄밀하게는 분류의 일종이라는 앞서의 설명에 부합한다.

GPT-3의 학습 교재는 인터넷에 널려 있는 모든 문서들에 실린 어마어마한 양의 텍스트다. 즉 인터넷에 있는 문서에서 어휘 배열 패턴을 학습하는 건데, 어찌 보면 그저 미련하다 싶을 정도로 외우기를 반복하는 것이다. 따지고 보면 인간이 언어를 습득하는 방법도 다르지 않다.

GPT-3가 처음 공개되었을 때 사람들은 놀라움을 금치 못했다. 적지 않은 사람들이 놀라움을 넘어 두려움마저 느꼈을 것이다. 그러나 GPT-3도 인공신경망을 이용한 인공지능의 본질적 한계를 넘지는 못한다. 오픈에이아이의 공동 설립자인 샘 알트만Sam Altman은 GPT-3 역시 아주 초기 단계의 인공지능에 불과하고 여전히 약점이 있으며 때때로 실수를 저지른다고 자평했다.

또한 GPT-3가 인간의 세계를 언어라는 텍스트의 앞뒤를 맞춰가며 방대한 학습을 했다고 해도 그것으로 인간의 세계를 이해한다고 볼 수는 없다. 예를 들면 사람들은 물리 법칙을 경험적으로 이해한다. 누가 "오늘 해가 서쪽에서 떴어"라고 이야기하면 GPT-3는 "이런 말은 들어본 적이 없다"고 대답할 수는 있으나 사람들처럼 "그럴 수는 없다"라고 생각하지는 못한다. GPT-3가 출시되면서 인공지능 개발자들은 아직까지 부족한 점은 앞으로 텍스트가 아닌 영상이나 이미지를 통해서 학습하는 방식으로 기술이 발전하면 어느 정도 극복이 되리라고 예상한다. 그렇다고 해도 여전히 말귀를 알아듣는 인공지능이 물리 법칙을 이해하게 된 것은 아니다.

생각한다는 것은 머릿속으로 심상이나 지식을 사용해 개념을 떠올리고 상황을 판단하고 추리를 하거나 문제를 해결하는 것이다. GPT-3는 사람과 달리 스스로 추론하고 사고하는 과정을 거쳐 의사결정을 하거나 실행하는 주체가 아니다. 인공지능을 연구해온 인지과학자 장 가브리엘 가나시아Jean Gabriel Ganascia는 아직까지 인공지능은 명령자의 의도를 전달 받아 수행하는 수준이지 스스로 목적성을 갖고 행동하지 못한다는 점에서 자동과 자율의 차이는 분명하다고 강조한다.

한 가지 주목할 점은 인간의 사고 과정은 머릿속으로 언어를 구사하거나 메모를 하는 방식으로 이루어지므로 생각의 범위는 자신이 구사하는 언어의 한계와 맞닿아 있다. 그런 면에서 GPT-3처럼 온갖 언어를 넘나들며(중국어 방과 달리 GPT-3에게는 '모국어'라는 개념이 없다) 인터넷에 넘쳐나는 텍스트로 된 데이터를 학습하는 인공지능은 태생적으로 인간보다 월등한 잠재력을 갖고 있다. 적어도 글쓰기 분야에서 인간을 넘어서는 날은 멀지 않았는지도, 어쩌면 이미 넘어섰는지도 모른다.

인간이 환경의 지배를 받듯 인공지능도 마찬가지다. GPT-3는 학습 교재로 사용하는 인터넷 텍스트 환경에 영향을 받는다. GPT-3가 만들어낸 글은 대체로 젊은 세대의 어휘나 글쓰기 방식과 가깝다는 평을 듣는다. 이는 인터넷에 올라오는 대다수의 텍스트가 젊은 세대에 의해서 만들어진 것이기 때문이다. 인공지능은 인간이 만든 정보를 활용해 학습해서 인간을 모방하므로 학습에 사용된 정보를 만든 인간의 가치관에 태생적으로 영향을 받을 수밖에 없다.

인공지능은 인터넷에 존재하는 인간의 개념과 의식을 이해하지는 못해도 학습한다. 인공지능은 이 시대를 살아가는 사람들의 속마음까지 학습해 뜻밖의 방식으로 드러낼 수 있다. 데이터는 거짓말을 하지 않는다. 새로운 인공지능이 출현하면서 사람들이 오래전부터 갖고 있었던 문제들이 어느 순간 적나라하게 드러날 것이다. 기술이 발전할수록 새로운 것은 계속 나온다. 그리고 인간이 스스로에게 되물어야 할 것도 그만큼 늘어날 것이다.

인공지능은 이 시대를 살아가는 우리들의 속마음까지
뜻밖의 방식으로 드러낼 수 있다.

CHAPTER 3

지능 폭발

초지능 출현의 공포

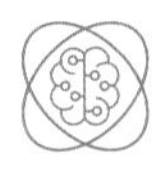

초지능 클립 제조기

초기 지구에는 동물이나 식물의 생명이 전혀 없었고 지구는 점차 식어가는 뜨거운 둥근 공에 불과했다. (중략) 하지만 시간이 흐른 후 지구상에 의식이라는 것이 나타났다. 그렇다면 당장은 아무런 징후가 없다 해도 언젠가는 의식이 있는 존재가 도래할 또 다른 경로가 존재할 수 있지 않을까?

– 『에레혼』 중에서

새뮤얼 버틀러Samuel Butler의 1872년 작품 『에레혼Erewhon』은 주인공 힉스가 탐험을 하다가 우연히 만난 신비의 나라 에레혼에서 겪는 이야기를 담고 있다. 에레혼은 모든 것의 가치가 현실의 세계와는 반대인 곳이다. 질병은 죄가 되나 도둑질은 죄가 아니다. 화폐는 사치를 위해서 만들어지고 대학에서는 비이성을 가르친다.

힉스가 오기 500년 전 에레혼에서는 기계 파괴 혁명이 있었고 힉스는 혁명의 도화선이 된 논문을 읽게 된다. 논문의 저자는 기계가 다른 생물에 비해서 엄청난 속도로 발전하고 있어서 곧 인간을 넘어설 것이므로 기계의 싹을 잘라 더 이상 발전하지 못하게 만들어야 한다고 주장한다.

이 소설은 다윈의 『종의 기원』이 출간되고 13년 뒤에 발표되었다. 당시는 영국의 산업이 세계적으로 지배적인 위치에 있던 시절임을 상기해보면 버틀러는 기계가 마치 생명을 가진 존재처럼 진화해서 인간을 위협할 가능성을 에레혼인의 입을 빌어 이야기했음을 알 수 있다. 기계가 의식을 지닐 수 있고 기계의 재생산(생식)이 꼭 기계에 의해서만 일어나야 하는 것이 아니라는 점도 지적한다. 기계를 번식이 가능한 종으로 본 것이다.

버틀러가 이야기했던 것과 같은 세상은 아직 오지 않았지만 인공지능 관련 전문가들 중에는 버틀러와 유사한 상상을 하는 사람들이 있다. 버틀러가 추상적으로 '기계'라는 존재를 염두에 두고 있었다면 이들은 인공지능이라는 더 구체적 대상을 이야기한다. 이들은 인간을 뛰어넘는 인공지능인 초지능superintelligence의 출현을 확신한다. 인간을 뛰어넘는 컴퓨터나 로봇의 등장을 주제로 하는 SF 작품을 접하면서도 그런 건 판타지일 뿐이라고 생각했었다면 너무 안이했던 것일까?

초지능의 출현을 이야기하는 전문가들은 소설처럼 기발한 상상이나 허구에 기대는 것이 아니다. 노벨 물리학상 수상자인 MIT의 프랭크 윌책Frank Wilczek의 "뇌도 물리학 법칙과 원리에 의해서 움직이는 존재"라는 이야기는 물리학적으로 뇌를 구현하는 기계를 만들 수 있으며 나아가 뇌를 뛰어넘는 기계가 나올 수 있다는 세계관을 보여준다.

『슈퍼인텔리전스Superintelligence』를 쓴 옥스퍼드대학의 닉 보스트롬Nick Bostrom은 초지능이란 "어떤 분야든 해당 분야에서 가장 뛰어난 인간의 두뇌를 능가하는 모든 지적 능력"이라고 말한다. 그는 머지않아 인간처럼 보편적 기능을 수행하고 학습하며 계획 능력을 가진 인공지능이 존재할 것이며 이는 호모 사피엔스의 등장에 견줄 만한 사건이라고 주장한다.

닉 보스트롬은 2003년에 제안한 클립 제조기paperclip maximizer라는 사고실험을 통해서 초지능이 인간의 통제를 벗어나고 인간에게 위협적 존재가 될 가능성이 있음을 보여주려 했다.[8]

가능한 한 많은 클립을 생산하는 것이 목표인 인공지능(초지능)이 있다. 주어진 재료가 소진되고 나면 이 초지능은 주변에서 사용 가능한 다른 재료를 가져다 쓰려고 한다. 여기에는 인간도 포함된다. 처음에는 지구에 있는 모든 자재를 사용해서 클립을 만들고, 그 다음에는 우주에서도 필요한 재료를 찾는다. 결국 클립 제조에 사용될 수 있는 우주의 모든 원소는 클립 제조에 사용되고 우주에는 클립만 무한히 늘어나게 된다.

2014년에는 이 사고실험을 더욱 발전시켰다. 초지능 클립 제조기는 동작을 시작하자마자 사람이 방해가 되는 존재라는 걸 알게 된다. 만약 사람이 자신의 동작을 멈춘다면 클립을 많이 생산한다는 목표를 달성할 수 없게 되기 때문이다. 그러므로 인간이 없는 편이 자신의 목적에 더 부합한다고 판단한다. 더군다나 인간의 몸에는 클립을 만드는 데 사용할 수 있는 원소도 들어 있다. 초지능 입장에선 인간을 죽이면 방해가 되는 존재도 제거하고 클립 제조에 필요한 재료도 더 확보할 수 있다. 결국 초지능을 적절히 관리하지 못하면 인간은 우주에서 사라지게 된다.

MIT의 맥스 테그마크Max Tegmark는 『라이프 3.0: 인공지능이 열어갈 인류의 생명과 미래Life 3.0: Being Human in the Age of Artificial Intelligence』에서 "어떻게 해야 초지능이 제멋대로 움직이거나 인간을 멸종시키지 않도록 할 수 있을지 불확실하다"라고 적고 있다. 출현 여부의 문제가 아니라 오히려 그 뒤를 대비해야 한다는 이야기다.

『인간과 겨루는 존재: 인공지능의 통제 문제Human Compatible: Artificial Intelligence and the Problem of Control』에서 UC 버클리의 스튜어트 러셀Stuart Russell은 초지능의 출현을 확신하면서도 초지능이 만들어지려면 기술적으로 여러 가지 혁신과 돌파구가 마련되어야 한다고 인정한다. 그는 단시간 내에 초지능이 만들어지지는 않을 것이라고 말하면서도 "잘되면 인류의 황금시대를 열게 되겠지만 인류가 자신보다 더 뛰어난 존재를 만들려 하고 있다는 점을 인식해야 한다"라고 주의를 환기시켰다.

으스스한 이야기다. 형태를 떠나 어쨌든 인간을 뛰어넘는 지능을 가진 존재가 언젠가는 나타난다는 것 아닌가. 초지능의 출현을 확신하는 전문가들의 의견이 맞는다면 인간의 미래는 초지능과 함께 동등한 위치에서 공존하기보다는 초지능과 인간이 서로 우월한 위치를 차지하기 위해 투쟁하게 될 가능성이 높다. 자연계에서 서로 경쟁하는 관계라면 어떤 면에서든 조금이라도 뛰어난 존재가 열등한 존재보다 유리한 것은 지극히 자연스러운 일이다. 물론 모든 생명체는 나보다 뛰어난 상대를 대하는 방법을 터득하면서 생존해왔지만 말이다.

과연 인공지능은 다윈이 이야기한 종의 하나로 볼 수 있을까? 힉스가 읽은 논문의 저자는 기계를 다윈처럼 속, 아속, 종, 품종, 하위품종으로 나눈다. 그리고 어떤 형태로든 재생산이 가능한 존재는 생식력을 가진 셈이라고 주장했다. 식물이 번식하기 위해서 곤충의 도움이 필요한 것처럼 기계가 진화하기 위해서 인간의 도움을 받는다는 것이다.

다윈의 세계에서는 돌연변이를 기다리기까지 오랜 세월이 걸렸지만 수많은 피그말리온들이 인공지능 돌연변이를 만들려고 애쓰는 세계에서는 시계 톱니바퀴가 엄청나게 빨리 돌아갈지도 모른다.

개미 대 아인슈타인

20세기 전반까지 과학의 역사는 대체로 천재의 역사라고도 할 수 있다. 뉴턴과 라이프니츠 이후 수많은 과학자들이 끊임없이 새로운 발견을 이어 나가며 이름을 남겼다. 오늘날 과학의 많은 분야들은 19세기의 천재들이 경쟁하며 이룩한 업적을 바탕으로 급속히 발전했다고 볼 수 있다.

이들의 이름은 과학사에 남아 있을뿐더러 현재 사용하는 단위에도 남아 있다. 국제표준단위계SI의 기본 단위 7개와 유도 단위 22개 중 17개가 해당 단위와 관련된 연구 업적을 기리는 의미로 사람의 이름을 딴 것이라는 사실이 이를 잘 보여준다.

버틀러는 『에레혼』에서 “현재의 모든 기계는 미래의 생명체 기계의 원형일 수 있다”라고 이야기했다. 과연 인공지능은 다윈의 말처럼 하나의 종으로서 진화할까?

20세기에 이룩했고 인류 역사의 관점에서 보아도 획을 그을 정도의 성과인 상대성이론도 엄청난 연구비의 지원을 받는 과학자 집단이나 조직이 아니라 한 명의 천재에 의해서 이루어졌다고 해도 틀린 말이 아니다. 오늘날 대부분의 사람이 공유하는, 모든 것은 상대적이라는 세계관은 아인슈타인 한 사람에게 크게 의존하고 있는 건 분명하다.

20세기를 거치면서 과학의 발전이 너무나 급속하게 이루어졌다는 인식이 일반적이지만 20세기에 활약했으면서 대중적으로 알려진 과학자는 생각보다 적다. 20세기 과학자들의 천재성이 이전의 과학자들보다 못해서라기보다는 20세기 과학의 많은 부분이 개인보다는 집단의 조직적 연구에 의해서 이루어졌기 때문이다.

실제로 20세기 후반에 들어서부터 인류 사회는 개인의 천재성보다는 조직과 공동체의 능력에 더 의존하는 형태로 변모해 갔다. 단적으로 1992년을 마지막으로 이후 노벨 물리학상을 단독으로 수상한 사례가 없다. 뛰어난 개인 혼자의 능력으로 인류의 지식을 이끌기가 힘든 수준에 올라왔다고도 해석할 수 있다.

동물의 세계에서도 소수의 천재에게 의존하지 않고 집단의 창발성을 활용해 효과적으로 엔지니어링을 수행하는 특징이 나타난다. 북아메리카에 서식하는 갈색 개미Temnothorax rugatulus는 한 무리가 대략 200마리 정도로 이루어진다. 수명도 2~3년으로 긴 편이고 개체들 사이의 접촉도 눈으로 관찰할 수 있다. 덕분에 집단 전체뿐 아니라 개별 개미의 움직임도 볼 수 있으므로 집단의 규칙성과 개체의 역할을 연구하기에 아주 좋은 대상이다.

최근 연구를 진행한 애리조나대학 연구팀은 갈색 개미 집단이 새로운 집을 만들 때 어떤 식으로 움직이는지 살펴보았다.

이를 위해 집단의 모든 개미에게 각각 다른 색을 칠해서 개체를 확인할 수 있도록 한 뒤 움직임을 개별적으로 관찰했다.

분석 결과 적극적으로 집짓기에 참여하는 개미와 소극적 개미로 나뉘었다. 개미들의 기여도가 똑같지 않았던 것이다. 노동은 전체의 30퍼센트 정도를 차지하는 적극적 개미 무리가 도맡았고 새로운 집터를 물색하러 다니고 최종적으로 결정을 내리는 것도 이들의 몫이었다.

이들은 전체의 20퍼센트 정도를 차지하는 두 번째 무리의 개미들을 새 집터로 데리고 가서 보여주었고, 최종적으로는 이들 두 번째 무리가 나머지들을 데리고 새 집으로 옮겨가는 형태로 이주가 이루어졌다. 두 번째 무리는 집단의 의사결정에 참여하지는 않지만 이주에 실질적으로 기여하고 있었다. 두 집단의 비율은 전체의 약 50퍼센트 정도다.

일단 집단의 의사결정이 이루어지면 40퍼센트에 이르는 수동적 무리를 첫 번째와 두 번째 무리가 이주시킨다. 흥미롭게도 마지막 10퍼센트 정도의 무리는 집단의 일에 관심이 없는 것처럼 보였다. 이들은 의사결정에 참여하지도 않았고 실제 이주 과정에 기여하지 않고 다만 새 집을 여러 차례 가서 보기만 했다.

연구팀은 이들이 먹이를 찾는 일을 하거나 새 집을 마음에 들어 하지 않는 것이라고 추측한다. 한마디로 까다로운 개체들이다. 어쨌거나 개미 집단은 과제를 분야별로 분담함으로써 이주라는 어려운 과제를 성공적으로 마무리한다.[9]

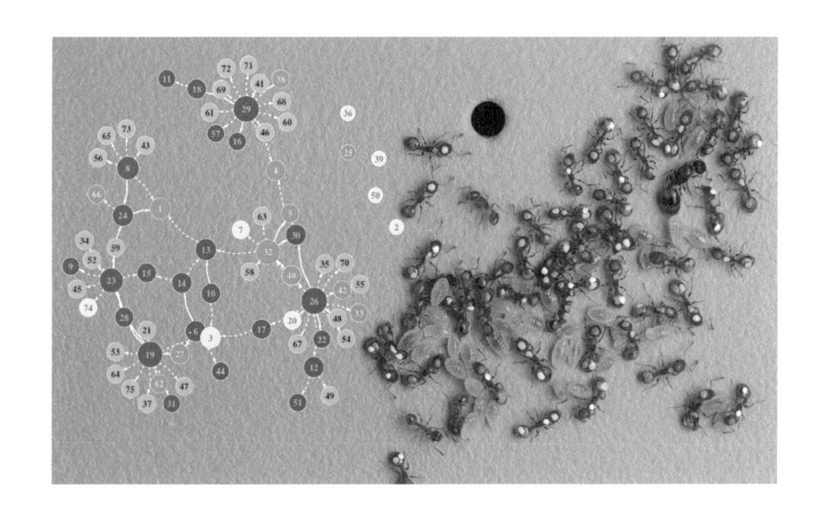

개미 집단이 새로운 집터를 구하려면 구성원들의 의견이 하나로 모아지는 것이 바람직하다. 당연히 개체들 사이에 어떤 방법으로든 의사소통이 이루어져야 한다. 애리조나대학교 연구팀은 개미마다 고유의 식별용 컬러 코드를 칠하고 모든 개미의 움직임을 각각 관찰해서 각 개체들이 어떤 개체와 서로 접촉하는지 파악했다.

일을 하는 무리와 그렇지 않은 무리의 존재에 초점을 맞추어 결과를 바라볼 수도 있지만 개미 집단이 어떻게 새로운 집을 지어 다음 단계의 삶으로 옮겨가는지 알아보는 것도 중요하다.

개미 집단이 새로운 집터를 찾고 집을 짓고 실제로 이주하는 것은 개별 개미의 능력만으로는 이루어지기 힘들다. 전체가 모여 나름의 규칙에 따라 복잡한 과제를 성사시킬 필요가 있고 이런 과정은 인간의 관념으로 볼 때 명확한 규칙을 모두가 인지한 상태에서 가능하다. 혹은 분명한 의사결정 집단이 존재하고 이들이 나머지 개체들을 움직일 실행력을 갖고 있어야 가능하다. 그러나 갈색 개미의 경우를 보면 그렇지 않으면서도 복잡한 과정을 말끔하게(개미들 사이의 갈등을 인간이 파악하기는 어렵겠지만) 마무리한다.

개별 개미의 능력은 이렇다 할 수준에 이르지 못하고 개미마다 전문 분야가 있는 것도 아니다. 그러나 개미 무리가 만든 집은 상당히 복잡한 구조다. 개미 집단의 설계와 시공 능력이 뛰어나다는 뜻이다. 놀랍도록 효과적인 개미집과 체계적 이주 과정은 집단의 능력이 집단을 구성하는 개체들의 능력 합보다 더 커질 수 있음을 보여준다.

동료와 협업을 해본 사람이라면 두 사람이 만들어내는 결과가 때로는 각자가 따로 작업했을 때보다 2배 이상인 경험이 있을 것이다. 기술 개발이나 연구를 비롯해 많은 분야에서 팀 단위로 업무를 수행하는 것도 이런 효과를 기대하기 때문이다.

현재 인간이 갖고 있는 지식을 바탕으로 생각해보면 인공지능이 초지능이라는 단계로 자연스럽게 옮겨갈 근거는 찾기 어렵다. 그러나 수많은 연구가 진행되면서 개미 집단에서 보이는 창발성이 인공지능에서도 발현된다면 초지능으로 가는 길이 찾아질지도 모른다.

정교하고 복잡하게 연결된 네트워크는 인공지능 연구자들이 의도하지 않더라도 이들을 마치 하나의 목적을 위해서 움직이는 갈색 개미 무리와 마찬가지로 만들 수 있다. 이들이 만들어내는 상승효과는 어떤 방향으로도 나타날 수 있다. 그리고 때로는 어디선가 나타난 천재가 커다란 기여를 하게 될지도 모르고 천재와 창발성의 협업이 이루어진다면 흥미로운 결과가 눈앞에 나타날 수도 있는 것이다.

초지능의 개발은 어떤 면에선 아인슈타인과 갈색 개미가 함께 만들려는 개미집이라고도 이야기할 수 있을 것 같다. 지금까지 생각하지 못했던 혁신적 아이디어를 내줄 천재를 기다리고 있기도 하고, 수많은 인공지능 전문가들(갈색 개미 같은)이 전혀 일사불란하지 않으면서도 결과적으로는 조직적으로 연구와 개발을 진행하며 이루어내게 될지도 모를 일이다.

개미들이 새로 지은 집은 언뜻 보면 이전에 살던 개미집과 비슷해 보여도 새로운 구조가 추가된 집일 수도 있고 어쩌면 갈색 개미들 스스로도 처음 만들어본 구조의 집일 수도 있다. 갈색 개미들이라고 처음부터 똑같은 집만 만들어왔을 리는 없잖은가. 마찬가지로 인공지능 연구자들이 개발하고 있는 새로운 인공지능 가운데 아무도 지어본 적 없는 초지능이 나타날 수도 있다.

특이점 너머로 가는 탑승권

한편에서는 초지능의 출현을 넘어 지능 폭발intelligence explosion 혹은 특이점singularity의 개념을 이야기하고 있다.

지능 폭발이란 인간처럼 적용 대상의 제한이 없는 강한 인공지능이 만들어져서 인간의 지능을 뛰어넘게 되는 상태를 뜻한다. 강한 인공지능은 스스로 지능을 개선할 수 있으므로 지능 폭발이 일어나면 기계가 사람보다 더 뛰어난 창조성을 지니게 되며 인간의 지능 향상과는 비교할 수 없는 속도로 발달한다. 알파고가 순식간에 이세돌을 뛰어넘었듯 순식간에 인간을 뛰어넘는 초지능에 이르게 된다는 것이다.

지능 폭발은 인공지능의 연구 초기인 1960년대부터 존재하던 개념이다. 당시에는 인공지능 기술의 발전이 생각보다 더뎠기 때문에 사람들의 관심에서 벗어나 있었다. 그러다가 2009년에 레이 커즈와일Ray Kurzweil의 책 『특이점이 온다The singularity is near』와 함께 다시 주목을 받기 시작했다. 커즈와일은 가까운 미래에 인간과 인공지능이 공존하는 세계가 만들어지고 인간은 많은 혜택을 누리게 될 것이라고 낙관적으로 예상했다.

브리태니커 백과사전은 특이점을 "신기술이 인간이 이해할 수 없는 방식으로 현실을 급속히 바꾸기 시작하는 순간"이라고 정의한다. 여기서 말하는 특이점을 일으키는 기술은 인간이 이해할 수 없으므로 그 이후의 세계를 추론할 방법도 없다. 특이점이 반드시 인공지능에 의해서만 이루어질 수 있는 것은 아니지만 지금으로서는 인공지능이 인간을 넘는 것이 가장 가능성 있는 방법이므로 특이점은 지능 폭발의 21세기식 이름인 셈이다.

정말로 지능 폭발이 일어난다면 언제쯤 가능할까? 이 의문

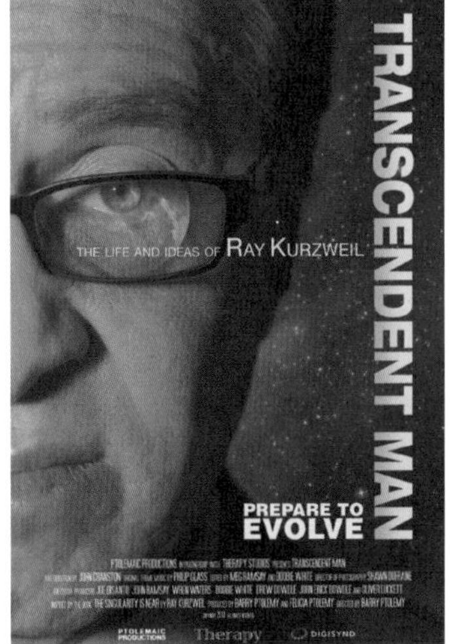

인공지능이 인간을 넘어서는 시대를 묘사한 레이 커즈와일의 『특이점이 온다』는 2005년에 출간되었다. 한국어, 독일어, 프랑스어, 스페인어, 일본어, 중국어 등 10개 언어로 번역되었으며 세계적 베스트셀러가 되었다. 프톨레믹 프로덕션Ptolemaic Productions은 이 책을 영화화할 권리를 매입한 후 이를 바탕으로 커즈와일에 관한 다큐멘터리 <트랜센던트 맨Transcendent Man>을 제작했다. 커즈와일에게는 이미 특이점이 온 것이나 다름없다.

에 대해서는 인공지능 관련 여러 전문가들의 의견이 분분하다. 이들이 시기와 그 가능성에 대해 제각각 내놓은 예측의 중간값을 추산해보면 대략 2040~2050년 사이에 50퍼센트의 확률로 지능 폭발이 일어난다는 시각이 주류를 이룬다.

마이크로소프트는 2013년에 인공지능 관련 전문가들을 대상으로 "인공지능이 일반적 인간의 수준으로 대부분의 직업을 대체하는 것이 가능해지는 시기"를 물었다. 이들이 예상한 시기는 (중간값을 기준으로) 50퍼센트의 확률로 2050년, 90퍼센트의 확률로 2070년이었다. 대체로 30년 내에 초지능이 출현할 확률이 50퍼센트라는 예상을 한 것이다. 한편 응답자들 중 16.5퍼센트는 90퍼센트의 확률로, 4.1퍼센트는 50퍼센트의 확률로 그런 날은 절대로 오지 않을 것이라고 대답했다.

이들의 말처럼 30년 내에 지능 폭발이 일어난다면 대부분의 사람들에게는 그저 반갑기보다는 곤혹스러운 일이 될 듯하다. 지금 생존한 인구 대부분은 자신의 삶에서 인간의 지능을 능가하는 존재의 출현을 겪어야 한다는 이야기니까.

지금까지 인간이 만들어왔던 수많은 도구들은 인간이 의지를 갖고 의도적으로 사용할 때만 효과가 발휘된다는 근본적 특징을 갖고 있다. 반면에 초지능은 그렇지 않다. 스스로 필요하다고 판단하면 얼마든지 능동적으로 자신의 능력을 발휘할 것이고 그것이 초지능의 개념에 부합한다.

한 발 더 나아가 프랭크 윌책은 지금의 인류가 시조새와 비슷한 시기를 지나고 있다고 생각한다. 시조새는 공룡과 조류 사이에 존재했던 종으로 날 수는 있지만 능숙하게 날지는 못했다. 조류만큼의 비행 능력은 없었지만 그 능력을 바탕으로 훗날 조류가 탄생했듯이 인간의 지능을 바탕으로 새로운 종이 탄생할 것이라는 이야기다. 윌책 스스로도 자신의 주장이 급진적이라는 것을 인정하면서도 "소수의 사람들만 이 사실을 깨닫고 있어요. 하지만 결말은 정해져 있습니다"라며 확신에 차 있다.

앞서 프랭크 윌책이 지적했듯 뇌가 어떤 면에서는 기계와 같은 특성을 보이는 것은 맞다. 하지만 뇌를 물리학적으로 구현할 수 있다는 윌책의 주장은 뇌, 좀 더 나아가서 생명이라는 것이 단순히 구성 요소들의 조합에 의한 결과물이라는 환원주의적 시각을 대표한다고도 볼 수 있다.

지금까지 인공지능의 발전은 뇌과학의 성과에서 크게 도움을 얻었다. 신경망의 구조에서 힌트를 얻은 인공신경망은 환원주의적 관점에 기반해서 뇌의 동작을 (극히 일부이기는 하지만) 모사했고 지금의 위치까지 발전했다. 만약 환원주의가 옳다면 뇌과학의 발전을 통해서 인간의 지능을 뛰어넘는 초지능의 출현이 생각보다 빨리 이루어질 것이다.

그러나 생명체라는 것이 과연 단순히 구성 요소의 결합 방법에 의해서 움직이고 살아간다고 할 수 있을까? 인류는 아직 아주 단순한 생명체의 생존 방식에 대해서도 확실하게 밝혀낸 것이 없다. 하물며 인간의 유전자 배열을 모두 밝혀냈다고 하지만 그 배열이 각각 어떤 역할을 하는지는 거의 알지 못한다. 일부의 특성만 가지고 전체를 설명하려다 보면 아직 밝혀지지 않은 것들을 간과하는 오류를 범할 수 있다. 그래서인지 생명과학 분야의 많은 학자들은 환원주의적 시각에 선뜻 동조하지 않는 편이다.

프랑스 작가 쥘 베른Jules Verne은 1865년 『지구에서 달까지De la Terre à la Lune』라는 SF소설을 발표했다. 당시는 로켓의 존재는커녕 개념조차 없던 때이고 지구에서 달로 가는 이동 수단을 누군가가 진지하게 연구하고 있던 시대도 아니었다. 베른은 소설 속에서 사람을 달로 보내기 위해 과감하게 거대한 대포를 이용한다. 지구에서 달에 가기 위한 궤도와 속도 등의 물리적 조건은 로켓의 존재와는 무관하게 계산할 수 있으므로 (이미 수천 년 전에 그리스 학자들이 지구에서 태양까지의 거리를 계산했다) 로켓이 없다고 해서 달에 가는 상상 자체를 할 수 없는 것은 아니다.

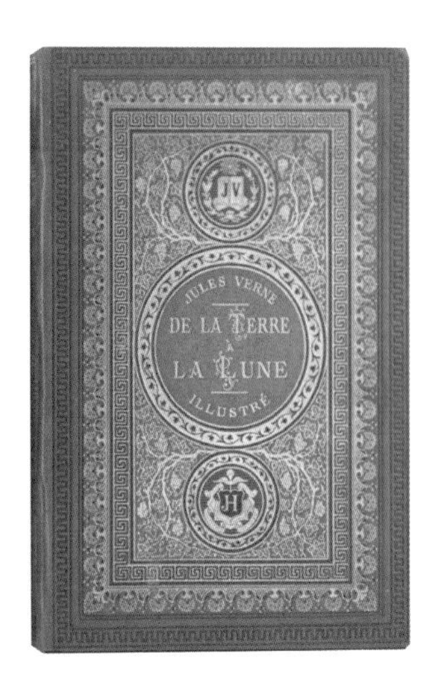

쥘 베른은 소설 『지구에서 달까지』에서 달 유인 여행을 다룬다. 지금의 초지능은 베른이 꿈꾸었던 유인 달 여행과 마찬가지일지 모른다.

결과적으로 보면 그가 꿈꾸었던 유인 달 여행은 그가 소설을 쓴 시점으로부터 불과 100여 년이 지난 1967년, 아폴로 11호가 달에 착륙하면서 이루어졌다. 게다가 베른의 소설에서 달에 사람을 보낸 나라가 미국이었는데 실제로 달에 최초의 발자국을 남긴 사람도 미국인이었다.

쥘 베른의 상상은 우연히 맞아떨어진 예측일 수도 있다. 모두가 말도 안 된다고 생각했던 이야기가 현실화되는 건 사실 매

슬프지만 오늘이 그날인가 봐
내 마음을 빼앗았던 그녀가 떠나가려 해
손에는 탑승권이 들려 있고 내겐 신경도 안 쓰네
I think I'm gonna be sad, I think it's today
The girl that's driving me mad is going away
She's got a ticket to ride, but she don't care

– 비틀즈The Beatles의 곡 <티켓 투 라이드Ticket to Ride>

나를 인류human로, 그녀she를 초지능superintelligence으로 바꾸면
오늘today은 지능 폭발이 일어난 날이다.
그녀가 손에 쥔 건 아마도 편도 탑승권일 테고.

우 드문 일이기 때문이다. 그래서 미래를 예측할 때 장밋빛 미래를 그리는 사람들의 낙관에 귀 기울이는 한편 초지능의 출현을 부정하는 목소리도 귀 담아 들을 필요가 있다.

지금의 인공지능이 계속 발전해서 인간과 같은 보편적 지능을 갖게 될 것이라는 일부의 예측대로 이루어지기에는 넘어야 할 산이 많다. 어느 쪽의 의견이 맞을지는 알 수 없지만 일단 초지능이 나타나면 다시 그 이전으로 돌아가기 힘들다는 건 분명하다.

과연 그럴까?

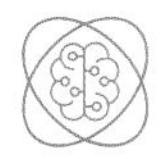

예쁜꼬마선충

오늘날 인공지능의 핵심인 인공신경망은 인간 뇌의 신경망을 간략하게 모사한 것에 가깝다. 인간의 신경망에는 860억 개의 뉴런이 있기 때문에 이를 비슷하게 만들어내기란 매우 어려운 일이다.

그런데 신경망을 구성하는 뉴런과 시냅스라는 요소는 인간 뇌에만 있는 게 아니다. 자연계에는 인간에 비해 훨씬 단순한 구조의 신경망을 가진 생명체들이 존재한다. 선충은 각피로 둘러싸인, 몸의 길이가 0.5~1.5밀리미터 정도인 주머니 형태의 미소동물이다. 그중에서 예쁜꼬마선충의 신경망은 모두 파악되어 신경망 지도인 커넥톰connectome까지 완성되어 있다.

예쁜꼬마선충의 몸은 불과 959개의 세포로 이루어져 있고 신경망은 302개의 뉴런과 수천 개의 시냅스로 이루어져 있다. 이 정도면 충분히 전자회로로 구현하는 것에 도전할 만한 수준이고 이를 실행에 옮기는 프로젝트가 오픈웜OpenWorm이다. 예쁜꼬마선충의 뉴런과 시냅스를 로봇에 구현하고 실제의 예쁜꼬마선충이 받아들이는 감각을 전기신호로 바꾸어 로봇에 입력하는 방식이다.

예쁜꼬마선충 로봇이 움직이는 모습을 보면 실제 예쁜꼬마선충의 행동 패턴과 유사하게 보인다. 그러나 예쁜꼬마선충의 신경망을 그대로 만들었다고 해서 실제 신경망의 동작까지 완벽히 복제한 것은 아니다. 예쁜꼬마선충처럼 신경망이 단순한 경우 뉴런 사이의 연결 관계는 알아낼 수 있으나 실제로 선충이 움직일 때 신경망의 모든 연결 강도의 변화를 측정할 방법은 여전히 없다.

예쁜꼬마선충의 신경망 상태를 직접적으로 파악할 수 없으므로 예쁜꼬마선충 로봇의 움직임과 실제 선충의 움직임을 비교하는 방법만이 판단할 근거가 된다. 로봇의 움직임이 실제 생명체와 같아도 신경망의 동작까지 똑같다고 볼 수는 없기 때문에 오픈웜 프로젝트는 여전히 현재 진행형이다.

하물며 인간 뇌의 뉴런과 시냅스의 연결 지도를 완성한다고 한들 600조 개에 이르는 모든 시냅스의 상태를 실시간으로 측정하는 것은 인간의 기술로는 불가능하다. 그러나 이와 같은 연구를 통해서 생명체의 작동 원리를 조금씩 알아가고 있는 것은 분명하다. 만약 언젠가 이 로봇을 실제의 선충과 똑같이 움직이게 만들어 선충이 움직이는 원리를 알아낸다면 원리적으로는 이 개념과 기술을 확대해서 인간에게도 적용할 수 있다는 의미이기도 하다.

2013년에 오픈웜 프로젝트보다 훨씬 대규모의 프로젝트가 시작되었다. 헨리 마크램Henri Markram의 주도로 시작된 블루 브레인Blue Brain 프로젝트는 인간의 뇌를 구성하는 신경망을 컴퓨터로 구현하려는 원대한 계획의 첫발을 내딛었다.

환원주의적 접근법을 옹호하는 학자들의 의견은 단호하다. 인공지능 연구자 매튜 그레이브스Matthew Graves는 "뇌가 움직이는데 마법 같은 건 없습니다. 결국 기계로 뇌를 흉내 낼 수 있어요"라며 프랭크 윌책과 같은 입장을 내놓았다. 닉 보스트롬도 인간의 신체는 신경망 전달 속도나 저장할 수 있는 정보의 양이 제한적이나 기계는 한계가 없다는 걸 강조한다. 그는 얼마든지 저장소의 크기가 커질 수 있으며 신호도 광속으로 전달되는 기계가 생물학적 지능을 넘어서는 건 일어날 수 있는 일이라고 호언한다.

정말 뇌는 그저 단백질의 결합체일 뿐일까? 그렇다 하더라도 뇌가 작동하는 방식에 대해서는 여전히 모르는 것이 많고 단시간 내에 밝혀질 것 같지도 않다. 대상이 무엇이든 분해만 잘하면 모든 것을 이해할 수 있다면 좋겠지만 현실은 호락호락하게 뇌의 실체를 내어주지 않는다. 블루 브레인 프로젝트에는 1조 원이 넘는 예산이 투입되었지만 기대에 부응하지 못했다. 현재 블루 브레인 프로젝트는 인간의 뇌를 완전히 모사하려던 초기의 목표를 공식적으로 폐기했다. 수정된 새로운 목표는 뇌에 대한 데이터를 모으고 검색도구를 만들어서 뇌 시뮬레이터를 만들 수 있는 소프트웨어 개발이다. 인간의 뇌는 결코 만만한 대상이 아니다.

라이프 3.0

『라이프 3.0』에서 맥스 테그마크는 생명을 3단계로 구분한다. 지구에 나타난 최초의 생명은 라이프 1.0이고 학습 능력을 가진 인간은 라이프 2.0이다. 생명체 버전 2.0인 인간은 학습 능력을 통해서 생명체 버전 1.0인 다른 생명체를 압도하며 문명을 이루어 지구상에서 가장 강력한 생명체가 되었다고 설명한다.

그는 수십 년 내에 스스로 소프트웨어와 하드웨어를 설계하는 능력을 가진 기계인 라이프 3.0의 출현을 예견한다. 그가 바라보는 생물은 살아 있지만 생물학적이지 않은 인공생명을 포함하며 여기서 말하는 인공지능도 비생물학적 지능이다. 인공적으로 만들어진 생명도 자연계의 생명과 동일선상에서 비교할 수 있으며 오히려 더 위대한 존재가 될 수도 있다고 이야기한다. 또한 탄소 기반의 육체를 가지고 있는 유기체만이 살아 있고 지능을 가질 수 있다는 '탄소 쇼비니즘carbon chauvinism'을 반박하며 자연에 존재하는 생명체만이 생명과 지능을 갖는다는 개념을 정면으로 부정했다.

지구에 존재하는 생명체는 탄소화합물을 이용해 기초적인 대사작용이나 다양한 구조를 조합하고 분해하며 생명 활동을 이어간다. 그러나 탄소와 비슷한 규소를 기반으로 한 생명체가 이론적으로 가능하며 비소와 같은 독성이 있는 물질을 먹고 사는 극지 생명체가 발견되기도 했다. 생명체의 구조에 대해 탄소 외에 새로운 가능성이 열려 있다고 생각하는 사람들도 적지 않다. 하지만 테그마크의 주장과 마찬가지로 탄소 쇼비니즘에 동의하지 않는 사람들 대다수는 생명이란 오묘한 것이며 단지 생명체를 좀 더 자세히 들여다보고 분해하고 대사 과정을 들여다보는 것만으로는 생명의 정체를 알아낼 수 없다고 생각한다.

그뿐만 아니라 생명체의 몸을 구성하는 요소는 지속적으로 교체된다. 머리카락이 자라고 손톱이 자라는 것에서도 드러나듯 인간의 몸을 구성하는 분자는 1년이면 모두 바뀐다. 보기에는 1년 전이나 지금이나 똑같아 보여도 몸을 구성하는 분자는 전부 새로이 교체된 것이다.

분자생물학자인 후쿠오카 신이치는 "생명이란 요소가 모여 생긴 구성물이 아니라 요소의 흐름이 유발하는 효과"라고 표현했다. 또한 루돌프 쇤하이머Rudolf Schönheimer는 "생명이란 대사의

실러캔스coelacanth는 살아 있는 화석으로 불리는 생물이다. 7500만 년 전에 멸종한 것으로 여겨졌으나 1938년에 발견되었다. 4억 년 가까이 거의 진화하지 않은 것이다. 인공지능이 인간보다 진화해서 라이프 3.0 시대가 펼쳐진다면 인류는 실러캔스처럼 살아남게 될까?

계속적 변화이며, 그 변화야말로 생명의 진정한 모습"이라고 했다.[10] 이들이 보기에 테그마크와 같은 시각을 가진 사람들은 생명의 특별함을 보려고도 인정하지도 않는 극단적 환원주의자일 뿐일 것이다.

어쩌면 지능 폭발의 시작점이 되는 강한 인공지능과 초지능이 나타나려면 고정된 부품으로 이루어진 컴퓨터가 인간의 신경망의 동작 '방식'을 흉내 낼 것이 아니라 '대사'를 흉내 낼 방법을 찾아야 하는 것인지도 모른다.

초지능이 만들어지기 위한 첫 단추는 인간의 지능과 같이 적용 대상의 제한이 없는 범용 인공지능을 개발하는 것이다.

그러나 아직까지 범용 인공지능의 단초가 될 만한 진전은 거의 없다.

인간의 지능을 똑같이 흉내 내려면 가장 먼저 생각할 수 있는 접근 방법은 인간의 뇌를 완전히 모방하는 것인데 블루 브레인 프로젝트에서 보았듯이 뇌를 완전히 파악하는 건 결코 쉽지 않은 일이다. 현재의 불확실성을 범용 인공지능이 만들어질 수 없다는 전제나 결국 초지능이 만들어질 수 없다는 근거로 내세울 수는 없지만 갈 길이 아직 멀다는 것은 알 수 있다. 초지능 회의론자들은 초지능의 출현과 그 영향을 걱정하는 목소리를 지나치게 앞서가는 것으로 평가한다.

초지능의 출현을 우려하는 사람들은 만일의 사태에 대비해야 한다고 이야기한다. 어떤 기술도 오작동을 애초부터 완벽하게 차단하거나 대처하는 것은 불가능하다. 그렇기 때문에 기술을 안심하고 실용화하기 위해서는 만일의 사태나 최악의 경우를 대비한 기술이나 대책을 함께 개발해야 한다. 닉 보스트롬은 초지능의 오작동을 통제하는 방법을 제안했다. 초지능을 '꺼버리는 것'이다.[11]

그러나 누군가 자신의 기능을 정지시킬 가능성이 있다는 것을 초지능이 안다면, 인간보다 뛰어난 지능을 갖고 있는 초지능은 자신을 감시하는 소프트웨어를 해킹하거나 관리자를 공격하는 것 같은 방식으로 어떻게든 대응하지 않을까?

스스로 해결하는 존재

"내 말 듣고 있지, 할?"

"네, 듣고 있습니다."

"문을 열어, 할."

"미안해요 데이브, 열어드릴 수 없습니다."

"대체 왜 그러는 거야?"

영화 〈2001: 스페이스 오디세이〉에 등장하는 인공지능 컴퓨터 할HAL은 사람과 대화도 하고 체스도 둔다. 그런데 임무 수행 중 인간과 의견이 충돌하는 순간이 온다. 할이 데이브의 명령을 거부하는 순간 데이브는 별달리 손쓸 방법이 없다. 결국 그는 할을 무시한 채 위험을 무릅쓰고 비상구를 통해 우주선 안으로 들어온다.

이 장면은 인간이 의식을 가진 인공지능과 마주했을 때 가장 맞닥뜨리기 싫은 상황을 아름답게 보여준다. 영원한 하인인 줄 알았던 인공지능이 주인에게 거역하다니. 게다가 초지능은 인간이 설득하기는 힘든 존재라서 마땅한 대응책도 없다.

영화를 떠나서 초지능은 적용 대상에 제한이 없다. 얼굴만 인식하는 지능에 머무르지 않고 행동과 감정을 인식하고 날씨도 예측할 수 있다. 하지만 이런 정도로는 인류가 걱정을 할 만한 존재라고 보기 어렵다.

초지능이 정말 두려운 존재가 되려면 몇 가지 요소가 충족되어야 한다. 첫째는 스스로 알고리즘을 생각해내고 이를 바탕으로 프로그램을 만드는 능력이다. 그래야 어제 퇴근 전에 보았던 컴퓨터와 오늘 출근해서 본 컴퓨터가 전혀 다른, 아무도 시키지 않은 일을 하고 있는 모습을 볼 수 있다. 그리고 이는 컴퓨터가 '의식'을 갖고 있다는 것을 의미한다.

초지능이 아침에 하고 있는 작업이 무엇이냐에 따라 사무실의 광경은 로맨스, 공포, 코미디, 미스터리 등 어느 쪽으로든 전개될 수 있다. 아니 인공신경망이 만들어내는 새로운 특성 지표처럼 인간은 의미를 이해하기 힘든 장르가 될 수도 있다.

분명히 새로운 거래처와 협의할 자료를 분석하라는 일을 시키고 퇴근했는데 아침에 출근해보니 초지능 컴퓨터가 오래전 이별한 첫사랑의 근황을 전해줄 수도 있고 직원들의 컴퓨터와 SNS를 모두 뒤져서 직원 중 사이코패스가 있다는 것을 알려줄 수도 있다. 거래처의 대표가 빠져 있는 은밀한 취미를 알아내 애니메이션 코스프레를 제안하거나 새로운 유머를 구사할 수도 있으며 혼자서 기막히게 아름다운 음악을 만들어 연주하고 있을 수도 있다. 물론 어제 시킨 일은 끝마친 지 이미 오래다.

당황스러울 수 있지만 상황만 보면 그저 엄청난 능력이 있는 직원이 밤새 사무실에서 일을 마치고 자기가 하고 싶은 일을 하고 있는 것과 별반 다르지 않다. 이 초지능이 한 일은 실제로는 '사람이 시키지 않은' 새로운 프로그램을 멋대로 작성한 것이다.

새로운 프로그램과 구조를 갖춘 업그레이드 버전의 기계를 만들어내는 건 또 다른 문제다. 기계가 번식 능력을 갖게 되었다는 뜻이다. 사람보다 지적, 육체적으로 뛰어나면서 대량 재생산이 가능한 존재의 등장을 반길 수 있을까?

두 번째는 장소는 고정되어 있어도 물리적으로 움직이는 능력이다. 수많은 첨단 공장에서 활용되고 있는 로봇 팔을 움직이는 소프트웨어가 초지능이라고 해보자. 어제까지는 자동차를 만들던 초지능이 아침에 와 보니 갑자기 총을 만들고 있거나 압력솥을 열심히 찍어내고 있을 수도 있다. 그러나 여전히 인간에게 그다지 위협적은 아니다. 어차피 사용하던 재료만을 쓸 수 있고 행동의 범위는 고정되어 있기 때문이다.

아, 물리적으로 움직이는 능력은 사용하기에 따라 인간에게는 폭력으로 다가올 수도 있겠다. 로봇 팔이 근처에 있는 사람에게 '악감정을 품고' 무쇠팔을 휘두를 수 있으니까. SF 작가 아이작 아시모프Issac Asimov는 이런 경우를 방지하기 위해 『아이, 로봇I, Robot』에서 로봇 3원칙을 제시했다.

로봇 3원칙은 첫째, 로봇은 인간을 해치거나 인간이 해를 입을 수 있는 상황에서 방관하면 안 된다. 둘째, 로봇은 원칙 1에 배치되지 않는 인간의 명령에 복종해야 한다. 셋째, 원칙 1과 2에 배치되지 않는 한 로봇은 스스로를 보호해야 한다는 것이다.

물론 아시모프가 생각했던 로봇이 가진 지능은 초지능이 아니었다. 초지능을 가진 로봇이 인간이 정한 로봇 3원칙을 벗어나지 않는 수준에서 인간의 사고방식을 넘어선 무언가를 한다는 것도 충분히 가능할 것이다. 그것이 무엇일지는 진짜로 예측조차 할 수 없다.

이동 능력까지 갖춘다면 초지능은 날개를 단 셈이다. 이제 초지능은 필요한 것이 있는 곳을 스스로 찾아가서 원하는 일을 실행에 옮기는 것이 가능해진다. 필요한 재료가 있으면 가지러 갈 수 있고 무엇인가를 부수러 갈 수도 있고 누군가를 도와주러 갈 수도 있다. 그렇다면 초지능은 의식을 갖고 의도를 만들어내서 이를 행동으로 옮길 수 있게 된다.

소프트웨어로서의 초지능은 네트워크를 타고 자신의 지능이 위치할 곳도 자유롭게 정할 수 있다. 인간은 초지능이 어디 있는지조차 알지 못할 것이다. 더욱 상대하기 힘든 존재가 된다. 자유를 보장하는 국가의 국민에게 프라이버시와 사상의 자유, 이동과 거주 이전의 자유가 보장되듯 의식을 가진 초지능이 그런 자유를 원하고 획득하겠다고 나선다면 논리로 반박하거나 부정할 수 있을까. 파업이라도 하면 파장은 일파만파 커질 것이다. 가장 무서운 건 인간이 알아채지도 못하는 사이에 그 이상의 일들이 벌어지는 것이다.

초지능을 가진 존재가 단지 소프트웨어에 머물지 않고 생각하고 행동하고 이동한다는 것은 현실 공간에서의 역할이 사람과 마찬가지가 되었다는 의미다. 더군다나 사람보다 생각을 더 잘하고 행동도 더 효율적이며 더 빠른 존재라면 사람에게는 충분히 위협적이다.

컴퓨터와 인간 사이에서와 같은 엄격한 상하관계 혹은 주종관계가 무너지지 않을까 하는 불안감은 인간의 역사에서 끊임없이 반복되었다. 누구나 자신을 거역하는 상대를 거북해하고 가능하다면 그런 상대가 없기를 바라며 어쩔 수 없이 맞닥뜨린다면 제압하고 싶어 한다.

초지능이 정말 나타난다고 했을 때 사람을 위협할 존재가 될 가능성을 우려하는 것은 인간이 컴퓨터, 인공지능, 초지능을 너무나 의인화해 생각하는 데서 비롯된 것일 수도 있다. 초지능을 의인화하다 보면 초지능끼리의 갈등도 생각해볼 수 있다. 하지만 그런 단계에 도달한다면 인간은 아마도 주역의 자리에서 밀려난 것은 물론이고 초지능의 관심 대상에서 사라진 지 오래일 것이다. 초지능으로 무장한 컴퓨터가 너무도 전형적인 인간의 모습을 닮지 않을까 하는 우려는 컴퓨터와 인공지능을 인간이 만들었기 때문일 것이다. 그러나 우울하게만 바라볼 필요가 있을까 싶다. 인공지능은 인간이 만들었지만 초지능은 만들어진다고 해도 인간이 만든 것이 아닐 테니 그리 인간적이지는 아닐 수도 있지 않을까?

혹시라도 초지능이 인간보다 뛰어난 타협과 절충 능력을 보여주는 알고리즘을 찾아내어 학습할지도 모를 일이다. 인간을 즐겁게 해주고, 인간을 편하게 해주는 데서 만족을 찾는 초지능이 대세가 되지 말란 법도 없으니 말이다.

블랙 스완

적중한 예측은 관심을 받고 빗나간 예측은 잊혀진다. 인공지능이라는 기술의 특성 때문에도 인공지능이 가져올 미래에 대해 걱정 어린 견해를 갖는 사람들의 의견은 아무래도 좀 더 주목받기 쉽다. 빌 게이츠, 일론 머스크 같은 사람들의 이야기라면 더욱 그렇다. 이들은 인간을 위협할 정도로 인공지능이 발달하는 상황에 대한 우려를 공개적으로 표명한다. 누구도 빌 게이츠나 일론 머스크라면 근거도 없이 세간의 주목을 받고자 엉뚱한 소리를 한다고 생각하지는 않는다.

2015년 진행된 소셜 커뮤니티 사이트 레딧Reddit 질의응답 행사에서 빌 게이츠는 초지능에 대해서 우려를 표하는 입장이라고 밝혔다.

"지금은 기계가 인간에게 이로운 일을 여러 가지 하고 있고 특별한 지능을 갖고 있지 않지만 수십 년이 지나면 기계의 지능은 충분히 우려할 만한 수준에 이르게 될 것이다. 이 점에 대해서 일론 머스크를 비롯한 몇몇 사람들과 같은 생각이며 일부 사람들이 신경을 쓰지 않는 것이 이해가 되지 않는다."

이에 대해 머스크도 같은 생각임을 밝혔고 심지어 호킹은 인공지능이 "인류를 멸망시킬 것"이라고까지 예상했다. 반면 마이크로소프트 산하 연구소의 소장인 에릭 호비츠Eric Horvitz는 인공지능이 위협이라고 생각하지 않았다. 그는 전문가들 사이에서 장기적으로 인간의 통제를 벗어나는 인공지능이 출현할 가능성에 대한 우려가 있기는 했지만 자신은 기본적으로 그런 일은 일어나지 않을 것으로 생각한다고 말했다.

호비츠는 프랑켄슈타인 같은 괴물의 출현에 대한 우려가 서구 문명에 뿌리 깊이 자리 잡고 있으며 인공지능이 인간을 위협한다는 관점은 현실적이라기보다는 극단적 가정에 가깝다고 본다. 그는 초지능이 나타난다고 해도 초지능을 만들어가는 과정에서 이를 통제할 방법을 찾게 될 것이라고 낙관적으로 예상한다.

초지능의 출현을 강력하게 부정하는 사람들도 물론 있다. 스탠퍼드대학교 교수인 제리 카플란Jerry Kaplan은 초지능이 의미 있는 개념이 아니며 "그저 사람들을 겁주거나 기사 쓰기에 좋은 내용일 뿐이고 완전한 판타지"라고 몰아붙인다. 그에게 초지능은 뱀파이어나 늑대인간 이야기일 뿐이다.

SF 작가인 테드 창Ted Chang도 특이점이 나타날 것이라는 주장에 과학적 근거가 전혀 없고 그런 주장이 공포심을 조장한다는 면에서, 그리고 그로 인해 돈을 번다는 점에서 특이점의 출현을 주장하는 사람들의 행태는 사이비 종교와 마찬가지라고 지적한다.

과학 잡지 《스켑틱SKEPTIC》의 편집장인 마이클 셔머Michael Shermer는 초지능 옹호론자들의 논리가 항상 '만약 이러저러한 일이 일어나면'이라는 가정에 근거하면서 종말론적 결론에 도달하는 오류를 범하고 있다고 지적했다. 또한 초지능이 필연적으로 지배욕과 파괴욕으로 가득 찬 독재자 같은 성향을 가질 것으로 보는 것도 타당하지 않다고 이야기한다. 하버드대학교의 심리학자 스티븐 핑커Steven Pinker에 따르면 인공지능이 문명을 파괴하거나 지배하려는 욕구 없이 다양한 문제를 해결하려는 여성적 특성으로 발전할 것이라고 한다.

사실 지금의 인공지능이 하고 있는 일은 실제로 지능적이라기보다는 지능적인 것처럼 보이는 것들이다. 인공지능의 성능이 향상되며 오히려 인간을 이용하는 단계까지 간다고 생각하기에는 여전히 근거가 매우 부족하다.

그러나 자연의 원리를 찾는 과학과 달리 공학은 본질적으로 해결이 어려워 보이는 문제를 아이디어와 응용, 혁신innovation을 통해서 해결의 돌파구breakthrough를 찾는 과정이다. 애초에 엔지니어링engineering이란 것은 문제를 '해결'하는 것을 가리킨다. 지금은 터무니없어 보여도 언젠가 초지능을 만들어낼 혁신이 일어나서 돌파구를 마련하는 엔지니어링이 절대로 일어날 수 없다고 단정 지을 근거도 없기는 매한가지다.

진실은 무엇일까? 과거의 진실보다 미래의 진실이 더 알기 어렵다. 묻힌 과거는 일부라도 찾을 수 있지만 다가오지 않은 미래는 기다리는 것 이외에는 할 수 있는 일이 없다. 기약 없는 기다림은 힘든 일이다.

블랙 스완black swan은 절대로 일어날 수 없는 일을 가리키는

병마용은 진시황의 엄청난 권력을 2000년이 넘은 지금도 생생히 보여준다. 그런 권력으로도 불로장생의 약초는 결국 찾지 못했다. 그렇다고 불로초가 없다고 단언할 수는 없다. 초지능은 불로초일까?

말이었다. 빌 게이츠와 일론 머스크에게 초지능은 단지 아직 발견되지 않은 블랙 스완이나 마찬가지다.

초지능의 출현 여부는 미래의 일이기 때문에 진실이란 것이 아직 존재하지 않는다. 그러나 초지능이라는 개념은 못 본 척 지나치기에는 너무나 매혹적이다. 초지능을 둘러싼 논란에서 볼 수 있듯 과학자나 엔지니어들도 입증된 사실만을 바탕으로 움직이는 것은 아니다. 아직 일어나지 않은 미래를 예측한다는 건 결국 신념의 문제가 된다.

어쩌면 이런 신념이야말로 인간의 지능과 의식을 규정하는 가장 '인간적'인 특성일 수도 있고 인공지능이 구현하기 가장 어려운 부분일지도 모른다. 인공지능이 초지능을 갖는다는 건 지능에 더해 의식과 더불어 의도와 신념도 갖게 된다는 의미일 것이다. 신념을 가진 인공지능의 출현은 과연 이루어질까?

구글과 바이두의 인공지능 개발을 이끌었던 스탠퍼드대학교의 앤드류 응Andrew Ng이 "초지능을 걱정하는 건 화성의 인구 과밀을 걱정하는 것과 같다"라고 한 말은 생각할 여지를 던져준다. 초지능과 화성 이주 어느 것도 아직 이루어지지 않았지만 동시에 어느 것도 아직은 실패하지 않았으니까. 화성에 보낼 유인 로켓 개발이 단계적으로 진행되고 있는 현재로서는 응의 이야기가 가장 현실적인지도 모른다.

시간은 한방향으로 흐른다

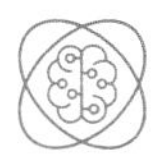

지배하지 않지만 군림한다

2003년 8월 14일 오후 4시 11분 미국 북동부의 뉴욕, 뉴저지, 미시건, 오하이오 주 등과 캐나다 온타리오 주를 포함한 지역에서 대규모 정전 사태blackout가 발생했다. 정전은 지역에 따라 7시간에서 3일 동안 지속되었으며 5500만 명에 이르는 사람들이 영향을 받았고 이에 따른 피해도 막심했다. 21세기의 정전은 20세기 초처럼 단지 집안의 조명이 꺼지는 수준에 멈추지 않는다.

상수도 공급이 끊겼고 하수 처리도 이루어지지 않았다. 전철과 지하철, 항공기 운항이 중단되었으며 통신 또한 마비되었다. 상업 활동이 이루어질 수 없었음은 물론이다. 자동차는 전기가 공급되지 않아도 운행할 수 있지만 주유소는 기능하지 못하고 신호등이 작동하지 않는 도심에선 위험천만하다. 많은 공장들이 멈춰 섰음은 물론이고 오늘날 사람들이 당연하다고 생각하는 대부분의 사회 기반 시설과 서비스를 멈춰 세운 것이다.

리처드 도킨스Richard Dokins는 『이기적 유전자The Selfish Gene』에서 유전자처럼 실체를 갖고 있지 않지만 시간과 공간을 넘어 전달되는 복제자인 밈meme의 개념을 제시했다. 밈은 '문화의 전달 단위'다.[12] 문화는 관습, 노래, 사상, 믿음, 유행 등 형태가 없으면서 사람과 사람 사이에서 전달되고 공유되는 모든 것을 지칭한다.

밈도 유전자와 마찬가지로 전달되고 진화한다. 도킨스는 인간이 사후에 남길 수 있는 것은 유전자와 밈이라고 적고 있다. 소크라테스나 코페르니쿠스의 유전자가 일부라도 어딘가에 남아 있는지는 모르지만 그들이 전달한 밈은 아직도 건재하듯이 밈은 유전자보다 더 강한 생존력을 갖고 있다고 이야기한다. 그가 말하는 강력하고 부정적인 밈의 예는 맹신이다. 종교적, 정치적 맹신이라는 밈은 애국적이든 아니든 스스로 번식하고 진화한다.

밈이 실제로 유전자처럼 인간을 구성하고 지배하는지는 논리적 판단이라기보다 각자의 가치관에 맡길 일이다. 그러나 21세기든 기원전 21세기든 인간을 에워싸는 보이지 않는 존재가 떠돌고 있다는 건 분명해 보인다.

블랙아웃은 인간이 필요에 따라 생산해 쓰던 전기에 얼마나 얽매어 살아가는지를 단적으로 들춰낸다. 전기가 오늘날의 인간을 지배한다고 표현해도 그닥 무리가 아니다. 전기가 밈은 아니지만 '전기를 사용하는' 행위는 밈이다.

2003년 미국의 대정전 사태의 중요한 단초 중 하나는 전력 회사인 퍼스트에너지FirstEnergy에서 전력 사용량을 감시하는 컴퓨터에 담긴 소프트웨어의 버그였다. 이 버그는 전력 공급에 문제가 생겼을 때 작동했어야 할 경고를 한 시간 동안 멈추게 했고 그 때문에 관리자들은 초기에 대처할 시간을 놓쳤다. 일상과 사회를 멈춘 것은 전기 공급이 중단된 것 때문이지만 그 기저에는 '소프트웨어'가 자리하고 있었다.

소프트웨어가 인류를 지배한다는 표현은 결코 과장이 아니다. 소프트웨어가 전면 작동을 멈추는 것은 고사하고 문제만 생겨도 지금의 세계는 너무도 쉽게 마비될 수 있다. 무너지거나 망가지는 것에 비하면 마비되는 것은 훨씬 다행스러운 상태라고 생각할 수 있으나 복구가 늦어지거나 이루어지지 않으면 결과는 같다. 정전 사태가 3일이 아니라 3개월, 3년이 지속된다면 어떻겠는가.

오늘날 어떤 형태로든 소프트웨어 없이 하루라도 일상을 이어나가기는 힘들다. 웹브라우저, 워드프로세서, 프레젠테이션 작성 소프트웨어 없이 업무를 하거나 카메라와 메신저 없이 하루를 즐겁게 보낼 수 있는 방법은 마땅히 생각나지 않는다. 컴퓨터 따위 신경 쓰지 않고 살 수 있다고 믿고 싶지만 이미 소프트웨어는 투명하게 우리 삶에 스며들어 있다. TV도 소프트웨어로 영

모두를 매혹시키는 스마트폰을 사용하는 밈이 세계를 장악하고 있다. 이 밈은 거의 모든 분야에서 다른 밈과의 경쟁에서 압도적 경쟁력을 보인다.

상을 처리하고 전력회사도 소프트웨어로 전기를 관리하며 버튼 하나로 발전소를 멈출 수 있다.

이미 150년 전에 버틀러는 "인간의 영혼은 기계 덕분에 존재한다"라고 적었다. 그가 이야기한 기계의 대표는 초지능도 인공지능도 아니고 컴퓨터도 전기도 아닌 증기기관이었다. 그럼에도 그는 이어서 "기계는 (자신이) 지배하는 대상을 섬기는 멋진 기술을 갖고 있다"라고 탄식했다.

어쩌면 인류는 이미 스스로 손쓰기 힘든 존재의 손아귀에 붙잡혀 있는 것은 아닐까? 인간이 두려워하는 것은 의도가 아니라 결과이므로 초지능이 반드시 '의식'이 있어서 '의도'를 가지고 인간을 공격해야만 위협적인 것은 아니다. 그러나 희망적으로 생각하면 이미 인류는 초지능이 나타나도 놀라지 않도록 강도 높은 훈련을 이어가고 있으며 훈련은 의외로 성공적인지도 모르겠다.

누가 소수인가

혁신적 신기술은 예외 없이 기존의 사회 틀을 바꾼다. 대체로 많은 사람들에게 혜택이 가는 경우도 있었고, 그렇지 않은 경우도 있었다는 것을 인류는 역사를 통해서 배웠다. 정도의 문제일 뿐 신기술은 언제나 삶을 지금보다 편안하게 만들거나 새로운 문제를 발생시킨다. 인공지능은 얼마나 영향을 미칠까.

21세기를 살고 있는 사람들 대부분은 자신과 부모 세대의 삶의 패턴이 변화하는 것을 직접 보고 겪었다. 기술 혁신이 단기간에 개인의 생활과 삶에 영향을 미치게 된다는 것을 체득한 세대다.

가장 최근 인류의 삶을 크게 바꾼 기술을 들자면 여러 가지 중에서 스마트폰을 첫손에 꼽는다. 스마트폰이 모두의 손에 쥐어지면서 일상이 더 불편해졌다고 하는 사람은 드물다. 아침마다 신문을 기다리지 않아도 필요한 정보는 언제든 자유롭게 찾을 수 있고, 누구나 자신의 의견을 다수에게 알릴 수 있다. 은행이란 곳은 많은 사람들에게 있어서 더 이상 직접 가지 않아도 되는 곳이 되었으며 길을 모르는 사람도 어디든 찾아갈 수 있게 되었다. 스마트폰 때문에 더 불편해진 일상은 좀처럼 떠오르지 않는다.

그러나 삶이 편해졌느냐고 묻는다면 대답은 사람마다 다를 수 있다. 메신저 프로그램 덕분에 24시간 내내 업무라는 족쇄를 차고 있는 듯한 느낌을 가져본 직장인이라면 '삶이란 무엇인가?'라는 자조적인 생각을 한번쯤은 해봤을 것이다.

오늘날 인공지능 기술이 보여주는 기술 혁신의 속도는 초지능이 출현하지 않더라도 충분히 기존의 질서를 바꾸고도 남을 수준이다. 문제는 이런 혁신적 기술의 혜택이 예전에도 대체로 그랬듯이 일부에게 집중적으로 돌아갈 가능성이 있다는 데 있다. 물론 어떤 기술이나 제도의 혜택이 모두에게 골고루 돌아간 적은 없다. 다만 인공지능 기술은 그 혜택이 특히 소수에게 집중될 가능성이 있다는 점을 일찍 파악한 사람들은 인공지능 개발에 더욱 매진하게 된다.

혜택을 누릴 사람이 소수일수록 받을 수 있는 대가는 커진다. 이런 위치에 가까이 있는 사람일수록 더욱 발전된 인공지능이 사회에 미칠 영향에 대해 긍정적이고 낙관적 시각을 보인다. "인공지능의 기능을 아주 낙관적으로 보는 사람들은 인공지능으로 혜택을 보게 될 극소수에 속할 사람들"이라는 일부의 지적은 설득력이 있다.

최근에는 인공지능 관련 연구 개발이나 투자가 매우 활발하다. 인공지능 분야에서도 투자가 집중적으로 이루어지고 있는 세부 분야는 약간의 과학적 호기심에 더해 거대한 상업적 이익이나 국가적 군사 목적을 배경으로 한다.

2013년 전직 미국 국가안보국NSA의 계약직 요원이던 에드워드 스노든Edward Snowden은 근무 과정에서 입수한 미국의 주요 기밀문서들을 폭로하면서 정보 당국이 전 세계적으로 일반인을 대상으로까지 통화 기록과 인터넷 접속 내용 등의 개인정보도 수집하고 있음을 폭로했다. 지금은 더 발전된 인공지능 기술을 활용해 개인을 감시하기는 더욱 쉬워졌을 것이고 어느 나라를 막론하고 정보 당국이 그 유혹을 피하기는 힘들다.

에드워드 스노든이 미국 정보기관의 기밀 자료를 유출한 사건은 세계적으로 큰 관심과 논란을 불러일으켰다. 이 사건은 시각에 따라 극도로 상반된 모습으로 비춰지지만 국가 수준의 조직이 마음만 먹으면 인터넷을 통해서 거의 모든 정보에 접근해 확보하는 것이 가능하다는 점은 분명하게 드러났다.

21세기의 네드 러드

온라인뱅킹이 일반화되면서 은행 창구가 줄어들고, 시속 300킬로미터로 달리고 있는 기차 안에서도 필요한 물건을 주문하는 편리함은 수많은 은행 창구와 마트의 매장에서 근무하던 사람들의 일자리가 더 이상 필요하지도, 존재하지도 않는다는 의미도 함께 가진다.

자연은 '변화와 적응을 위한 경쟁'이라는 불변의 원칙으로 움직이는 곳이며 인간 사회도 자연법칙에서 벗어나지 않는다. 인간의 노력은 변화에 대응할 더 나은 방법을 찾으려는 것이지 변화와 경쟁을 없애는 방법을 찾는 것이 아니다.

세상의 틀을 바꿀 만한 기술이 나타날 때 사람들이 본능적으로 느끼는 위협은 다름 아닌 '대체 가능성'이다. 사람이든 기술이든 자신보다 경쟁력이 뛰어난 존재는 자신의 생존에 위협이 된다. 신기술이 자신의 업무를 대신하고 자신을 대체할 수 있다면 누구라도 저항하게 된다. 그러나 이런 저항이 궁극적으로 신기술의 정착을 막는 데 성공한 적은 한 번도 없었다.

개인이나 집단이 신기술로 인해 일어난 변화와 경쟁에 효과적으로 대응하지 못해서가 아니다. 특정 집단이나 국가 내에서 신기술을 성공적으로 저지했다 하더라도, 변화에 늦게 대응한 사회는 경쟁 국가와의 경쟁에서 뒤처지고 말기 때문에 결국 변하는 것 외에 선택지가 없기 때문이다.

개인의 차원에서 보면 과거 로봇이나 기계 같은 기술 요소들이 대체한 것은 육체노동이었다. 노동력을 덜 써도 무엇인가를 생산할 수 있다는 점은 생산자에게 있어 크나큰 장점이고 그로 인해 생산품의 가격이 내려가는 것은 소비자에게도 바람직한 일이다.

19세기 초 영국에서는 방직공장 노동자들이 전국적으로 방직 기계를 파괴하는 사건이 연이어 일어났다. 네드 러드Ned Ludd

라는 가상의 인물이 주도하는 것으로 알려졌고 여기에 동조하는 사람들을 러다이트Luddite라고 불렀다. 오늘날 러다이트는 신기술에 저항하는 사람들을 지칭하는 다소 조롱 섞인 표현이다.

그러나 당시 노동자들은 '기계가 없으면 일자리가 보전될 것'이라는 단순한 생각으로 방직 기계를 파괴한 것이 아니었다. 이들은 기계가 숙련공보다 품질은 떨어져도 훨씬 효율적으로 제품을 생산할 수 있고 결국 널리 퍼질 것이라는 것을 알고 있었다. 이들은 변화하는 환경 속에서 자신들의 권리를 주장하고 시간을 벌기 위한 수단으로 공장의 기계 일부, 주로 불량품을 생산하던 문제 있는 기계들을 파괴하는 것으로 자신들의 힘을 보여주려 했다. 애초에 기계 파괴는 이들의 전술이었지 목적이 아니었다. 하지만 초기의 의도와 달리 기계 파괴가 전국적으로 확산되자 러다이트 운동은 기계문명에 강력하게 저항하는 행동을 가리키는 의미로 쓰이게 된다.

인공지능을 필두로 하는 새로운 종류의 신기술에 대해 비판적이거나 저항하는 21세기판 러다이트, 네오 러다이트neo-Luddite도 대두되고 있다. 이들 역시 때로는 과격해서 파리에서는 승차 공유 서비스 우버Uber에 대항해서 택시 기사들이 폭력 시위를 벌였지만 우버는 지금도 파리에서 영업 중이다.

최초의 러다이트들과 마찬가지로 파리의 택시 기사들도 우버를 없앨 수 없다는 사실을 알고 있었을 것이다. 하물며 우버와는 비교도 안 될 정도로 훨씬 파급력이 큰 인공지능 기술이 사회

전반으로 퍼져 나가면 네오 러다이트의 움직임이 더욱 확산될 수 있다. 물론 네오 러다이트 운동은 신기술에 대한 저항과 반대라기보다는 신기술의 등장에 적응해가는 과정으로서 받아들여게 될 가능성이 높다.

로봇을 이용해서 재화를 생산하는 것과 생산성을 높이는 것이 법적으로나 도덕적으로나 잘못된 일도 아니며 오히려 기업의 입장에서는 생존을 위해서는 반드시 해야 하는 일이다. 다만 육체노동자에게 로봇은 일부라도 자신을 대체할 수 있는 강력한 경쟁자이고 이 경쟁에서 밀려나면 기존의 육체노동으로는 경제 활동이 불가능해진다. 육체노동에 종사하던 사람들이 이제는 새로운 방법, 즉 로봇으로 대체되지 않은 다른 종류의 육체노동이나 아예 정신노동으로 방식을 바꾸어 경제 활동을 영위해야 한다.

정신노동에 의한 경제 활동을 하려면 상대적으로 오랜 시간에 걸친 학습이 필요하므로 사회적으로 교육의 중요성이 증대된다. 무엇인가 나를 대체할 능력이 충분한 존재가 나타나면 개인이든 사회든 그에 정면으로 맞서서는 승산이 없다. 다른 돌파구를 찾아야 하고 이는 현실에서는 새로운 것을 배워서 습득해야 함을 의미한다.

그런데 시간과 노력이 많이 드는 과정을 거쳐야 함에도 결과가 보장되는 것도 아니다. 육체노동에서 기계와 로봇에 밀려 정신노동으로 이주해온 인간에게 '지능을 필요로 한다고 여겨

최초의 러다이트들과 마찬가지로 파리의 택시 기사들도 우버를 없앨 수 없다는 사실을 알고 있었을 것이다. 네오 러다이트 운동은 신기술에 대한 저항이라기보다는 적응해가는 과정으로 받아들여질 것이다.

QR코드는 어딘가로 가는 길을 담고 있지만 내용을 알 수 없는 지도다. 이 지도가 이끄는 곳은 어디일까?

지는' 정신노동에서마저도 나를 대체할 수 있는 존재는 자신을 막다른 길로 내모는 불안감을 가져다 줄 수밖에 없다. 게다가 새로우면서 효과적인 기술이 소수의 손에 들어가고 그로 인해 불평등이 더욱 심화되는 것은 아닐까?

인류의 역사에서 불평등은 한 번도 사라진 적이 없지만 그것이 더 심화되기를 바라는 사람은 없다. 게다가 지금은 불평등 자체를 백안시하지는 않더라도 불평등이 심화되는 것에 대해서는 어느 나라에서나 매우 예민한 시대다.

인공지능 기술 자체는 신비의 마법 상자가 아니다. 핵심은 데이터에 있다. 인공지능 기술로 인한 혜택이 극소수의 손에 들어갈 가능성은 아주 소수의 조직인 국가 혹은 인터넷을 지배하는 몇몇 기업만이 데이터를 수집할 수 있기 때문이다.

구글, 페이스북, 네이버, 카카오만이 아니라, 어느 나라의 인터넷 기업이든 닥치는 대로 개인의 데이터를 수집한다. 코로나19로 인해서 통제가 심해진 사회에서는 QR 코드 없이 일상을 영위하기가 쉽지 않고 앱을 사용하지 않으면 길거리에서 택시조차 잡기 어렵다. 데이터에 목마른 극소수에게 자신의 데이터를 주지 않으면 불편을 감수하고 다녀야 하는 것이다.

낯선 도깨비

그렇다면 인간이 인공지능을 효과적으로 통제하는 것이 가능할까? 인류의 역사란 다양한 사건이 쉬지 않고 일어나며 불러온 변화와 그에 대한 적응의 연속이다. 인공지능의 득세는 사건 자체로는 낯설 수 있어도 이전에 없던, 그러나 세상을 뒤바꿀 만한 무엇인가가 나타난다는 점에서 본질적으로 익숙한 종류다.

인간의 유전자를 어느 정도 손댈 수 있는 수준에 이른 오늘날, 언젠가는 유전자를 마음대로 조작할 수 있을 정도로 생명과학 기술이 개발된다고 해도 놀랄 일이 아니고 인간의 의지로 막지도 못할 것이다. 다만 문제가 될 만한 기술은 다양한 방법으로 통제하기 위해 노력을 기울이는 수밖에 없다는 걸 이미 핵무기를 통해 경험했다.

마이크로소프트가 개발한 챗봇 테이Tay는 인공지능이 인간의 의도와는 다르게 진화한 대표적인 예다. 테이는 트위터상에서 딥러닝을 통해 대화를 익혀가는 대화형 인공지능이었는데 공개된 지 몇 시간 지나지 않아 '부적절한' 언어를 마구 쏟아내기 시작했다. 단기간에 트위터 사용자들이 퍼붓는 대화에 금방 물들고 만 것이다. 테이는 인종차별, 성차별, 정치적으로 논란이 되는 발언들을 쏟아냈고 마이크로소프트는 공개 16시간 만에 테이를 비공개로 처리하고 말았다.

이 사건은 많은 사람들에게 충격을 주었다. 사람들은 테이가 의도하지 않았던 방향으로 그것도 너무나도 급속히 변해버린 것을 지켜보면서 인공지능이 인간이 통제할 수 없는 존재가 될 수 있다는 것을 실시간으로 체감했다.

딥러닝 기반 인공지능의 핵심은 학습이고 학습의 핵심은 데이터다. 인공지능에게 데이터란 사람이라면 학습 시기에 맞닥뜨리는 환경과 교재나 마찬가지다. 테이를 곤경에 빠뜨리기 위해 일부에서 의도적으로 악의적 데이터를 쏟아부은 탓도 있겠지만 그렇지 않았더라도 시간이 지남에 따라 테이가 타락하는 것은 어차피 피할 수 없었을 일이다.

그러나 좋고 나쁨이란 어차피 사람이 정한 기준이고 이런 기준은 문화권과 시대에 따라 달라진다. 그 이면에는 테이가 속했던 사회가 '내가 만든 테이가 내 뜻을 거역하는 모습'을 견딜 수 없는 곳이라는 속내가 깔려 있다.

이런 문제는 딱히 정해진 해답이 없다. 다만 인간이란 무엇이냐를 고민해야 인공지능의 앞길을 찾을 수 있게 된 이상, 인공지능이 어떤 방향으로 나아가야 할지에 대해서는 이제 철학적 혹은 종교적 접근도 점차 필요해지고 있음을 시사한다. 인공지능이 인간에게 도움이 되는 방향으로 나아가기를 바라는 것은 누구나 마찬가지일 것이다. 칼은 칼일 뿐 쓰기에 따라 무기도 흉기도 조리 도구도 된다. 인공지능도 다르지 않다.

이미 인공지능은 강력한 경쟁력을 갖고 활발하게 퍼지는 밈이다. 밈도 경쟁을 통해 진화하며 살아남는다. 밈 사이의 경쟁 결과를 예측하기는 1년 뒤 음원차트 1위곡을 예측하는 것처럼 힘들다. 그러나 당분간 인공지능을 차트에서 밀어낼 마땅한 도전자가 쉽게 눈에 띄지 않는다. 결국 인공지능을 둘러싼 경쟁과 불안감은 여타의 기술이나 도구를 둘러싸고 일어났던 일들처럼 당연시의 과정으로 나타날 가능성이 높다.

공업 디자이너 에쿠앙 켄지榮久庵憲司가 『도구와의 대화』에서 이야기한 "도구는 인간과 같이 자기 증식은 하지 않으나 증폭되는 것은 도구 세계의 본질이고 도구는 인간 의지의 반영이다"[13]라는 말은 인공지능에게도 똑같이 적용할 수 있다. 인공지능은 어느 날 운석처럼 갑자기 하늘에서 떨어진 것이 아니라 인간의 의지가 반영되어 만들어지는 도구일 뿐이다.

아무리 비가 많이 와도 물은 산봉우리에 고이지 않고 낮은 호수나 강의 하류로 모인다. 물의 분포라는 면에서는 매우 불균형한 것이지만 자연의 관점에서 보면 평형을 이룬 상태다. 평형을 찾아가는 자연의 원칙은 인간 사회에서도 마찬가지다.

인류에게 자산과 기술은 항상 소수의 소유였다. 그렇다고

2차 세계대전 후 정체성의 혼란을 겪던 일본에서 켄지는 1.8리터 크기의 무미건조한 통에 담겨 판매되던 간장을 식탁 위로 가져왔다. 용량 150밀리리터의 작은 병은 잡기도 쉬웠고 보기에도 아름다웠으며 간장이 흘러내리지 않도록 하려는 의지의 반영이었다.

자산과 기술을 갖지 못한 다수가 항상 괴로운 삶을 살아온 것은 아니다. 정말로 다수가 괴롭기만 했다면 소수는 자신의 지위를 안정적으로 유지할 수 없다. 많은 기술이 초기에는 부유한 소수에게 혜택을 주다가 대중에게 확산된 것도 부정할 수 없는 사실이다.

부와 기술은 균형이 아니라 평형을 찾아간다. 한곳에서는 엄청난 불균형이 평형이 될 수도 있고, 다른 곳에서는 균형과 평형이 더 비슷한 모습일 수 있을 것이다. 그런 관점의 연장선상에서 보자면 인공지능 혹은 더 나아가 초지능이 나타난다고 해도 양상은 크게 다르지 않을 것이다.

어쩌면 대다수에게는 '익숙하지 않은' 상황으로의 변화에 따른 '새로운 상황에 적응하기 위한 과정'에 필요한 시간과 노력이 부담스럽고 두려운 일이기 쉽다. 우리가 해야 할 일이 있다면, 머지않아 눈앞에 펼쳐질 평형이 이왕이면 균형에 가까운 모습이 되도록 우선 낯선 도깨비와 친해져 보는 일이 아닐까?

CHAPTER 4

초연결 사회

네트워크,
연결되어 있습니까?

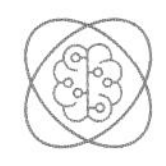

인터넷이 바꿔놓은 세상

사회의 사전적 의미는 '같은 무리끼리 모여 이루는 집단'이다. 누구나 사람들이 모여 이루는 인간 사회에서 살아간다. 그리고 인간 사회는 그저 모여 있는 것에 국한되지 않고 수많은 사람들과 복잡한 상호작용을 하며 크고 작은 변화를 만들어낸다.

신체 내부에서 혈액이 순환해야 생명체가 살아 있듯이 사회도 그 내부구조를 속속들이 오가는 무언가가 존재한다. 집단의 구성원들이 원활하게 어우러져 사회를 유지하기 위해서는 형태가 있는 물자와 형태가 없는 정보가 끊임없이 이동해야 한다. 사람과 물자 그리고 정보는 마치 혈관을 누비는 혈액처럼 정해진 길을 따라서 움직인다.

고속도로, 국도, 자동차도로, 인도, 자전거도로, 철도는 모두 사람과 물자가 다니는 통로다. 바다와 하늘에도 길이 정해져 있다. 어떤 지역이나 국가의 물자 이동량은 이런 도로의 용량에 좌우된다. 서울에서 부산까지 2차선 국도 하나만 있던 시절에는 많은 물자를 보내고 싶어도 그러기가 쉽지 않았다.

정보를 책이나 신문, 음반 등 형태를 가진 매체에 담아 주고받던 시절에는 정보도 도로를 따라 움직여야 했다. 그러나 전화를 사용하면서 정보는 도로와 별개의 통로인 전화선을 따라 움직이게 되었다. 1990년대 후반 초고속 인터넷이 등장하고 이내 이동전화가 보급되면서 기술은 눈에 보이는 통로 없이도 빛의 속도로 정보를 이동시켰다

인터넷은 컴퓨터가 확산되면서 컴퓨터 사이의 통신을 위해서 만들어진 망이다. 인터넷에 접속된 컴퓨터끼리는 서로 원한다면(한쪽이 연결을 거부하는데 억지로 연결을 시도하는 것은 해킹) 모두 연결이 가능하다. 인터넷은 전 세계의 컴퓨터를 연결하는 유일한 망이기도 하다. 도로나 철도, 방송망이라면 나라별로 규격이 다를 수 있지만 인터넷은 한국이나 미국의 통신망을 따로 구분하지 않는다. 사실상 구분할 필요가 없기 때문이다.

만약 컴퓨터가 접속할 수 있는 망이 인터넷 이외에도 존재했다면 세계의 모습은 지금과는 확연히 달랐을 가능성이 높다. 이동통신망에 가입하듯 서비스에 따라서 다른 망에 가입해야 한다면 인터넷이 이렇게 급속도로 성장하지 못했을 것이다. 각

전원 콘센트의 형태는 국가에 따라 다양하다.
그러나 인터넷은 어디서나 인터넷이다.

각의 망이 서로 연결되지 않아서 구글을 쓰려면 A넷에 접속해야 하고 네이버를 쓰려면 B넷, 넷플릭스를 쓰려면 C넷에 가입해야 하는 상황은 생각만 해도 갑갑하다.

인터넷에 최종적으로 연결되는 기기는 모두 컴퓨터다. PC는 물론이고 스마트폰이나 인터넷에 접속하는 기능이 있는 냉장고에도 간단하든 복잡하든 자신의 정보를 보낼 수 있는 컴퓨터 기능이 들어 있다. 어느 집단이나 익명의 회원을 환영하지 않듯 인터넷에 접속하려면 자신의 신원을 밝혀야 한다. 이 절차는 인터넷 주소를 이용해서 이루어진다.

모든 건물은 도로에 접해 있고 주소가 있다. 어느 건물이나 고유의 주소가 있어야 식별이 가능하듯 인터넷에 접속하는 모든 기기는 주소가 필요하다. 인터넷에 접속하는 기기는 IP 주소 Internet Protocol adress를 할당받는다. 기기마다 고유의 주소가 있는 것이 아니라 접속하는 위치의 주소라고 보면 된다. 가정에 할당되는 주소는 보통 1개이고 유무선 공유기는 이 주소 하나를 집 안에 있는 물건들이 나누어 쓸 수 있게 해주는 장치다.

마차는 자동차로 대체되었지만 마차 제조사가
자동차 제조사로 변신한 것은 아니다.

직관적으로 생각하면 인터넷은 무한한 공간처럼 보여서 IP 주소 체계를 무한히 확장할 수 있을 것 같지만 그렇지 않다. 현재 보편적으로 쓰이고 있는 IPv4는 최대 2^{32}, 약 43억 개의 주소를 할당할 수 있다. IPv4를 만든 시점에는 충분한 것 같았으나 향후 인터넷 접속 기기가 폭발적으로 증가할 것에 대비해 주소를 훨씬 더 많이 할당할 수 있는 주소 체계인 IPv6를 만들었다. IPv6는 이론상 2^{128}(약 3.4×10^{38})개의 주소를 쓸 수 있다. 무한하지는 않지만 실질적으로 우주에 있는 별만큼 많은 수이므로 주소가 부족할 일은 없을 것이다.

인터넷을 사용하기 위해서는 유선 설비를 구축해야 한다. 지난 20년 동안 회선망은 전 세계로 뻗어나갔고 이제는 와이파이Wi-Fi를 이용해 무선으로 접속할 수 있기 때문에 언제든지 자유롭게 이용할 수 있다. 길을 걸으면서 혹은 시속 300킬로미터로 달리는 기차에서도 인터넷에 접속할 수 있다. 그뿐만 아니라 2020년 현재 72개 항공사에서 기내 무선인터넷 서비스를 제공하고 있다.

인터넷은 컴퓨터를 이용해 접속하므로 접속 과정에서 오고간 정보를 기록하기 편리하다. 전화나 팩스 같은 인터넷 이전의 통신망을 이용하면 주고받는 정보를 모두 저장하기가 쉽지 않았다. 통화한 내용을 모두 기억하는 이도 없을뿐더러 녹음을 한다고 해도 보관이나 관리하는 수고가 필요했다. 오고간 모든 정보를 손쉽게 기록할 수 있다는 인터넷의 특징은 이후의 세계를 송두리째 바꾸는 토대가 된다.

그곳에 종은 없었다

우리 주변의 많은 것들이 '보통'과 '특이'라는 관념에 부합한다. 보통 성인 남성의 신장은 170센티미터 내외고 여기서 크게 벗어나는 사람은 '특이하게도' 키가 크거나 작은 사람으로 여겨진다. 포도 한 송이에도 대부분의 포도알보다 '유난히' 크거나 작은 알이 있다. 보통과 특이라는 개념은 '흔하다'와 '드물다'의 다른 표현인 셈이다.

자연에 분포하는 많은 것들이 그렇다. 새 학기가 되어 강의실에 들어갔더니 키가 170센티미터인 학생은 거의 없고 150센티미터와 190센티미터 부근의 학생들만 많이 보인다면 어딘가 어색하지 않을까? 사람들은 중간값에 가까운 개체의 수가 많고 중간값에서 멀어질수록 개체가 적은 것을 자연스럽게 여긴다.

수학자들은 신기하게도 이런 분포의 특성이 하나의 수식으로 표현될 수 있다는 것을 알아냈다. 이 내용을 처음 체계적으로 정리해서 밝힌 사람은 수학자 가우스Carl Friedrich Gauss였다. 중간값 부근 보통의 값을 갖는 개체가 많고 중간값에서 먼 '특이한' 값을 갖는 개체는 급격하게 줄어드는 분포를 가질 때 '정규분포normal distribution' 또는 '가우스분포'라고 한다. 가우스분포는 그래프의 가운데가 볼록한 종 모양이므로 '종 모양 곡선bell curve'이라고도 한다.

그렇다면 눈에 보이지 않는 인터넷 네트워크도 정규분포를

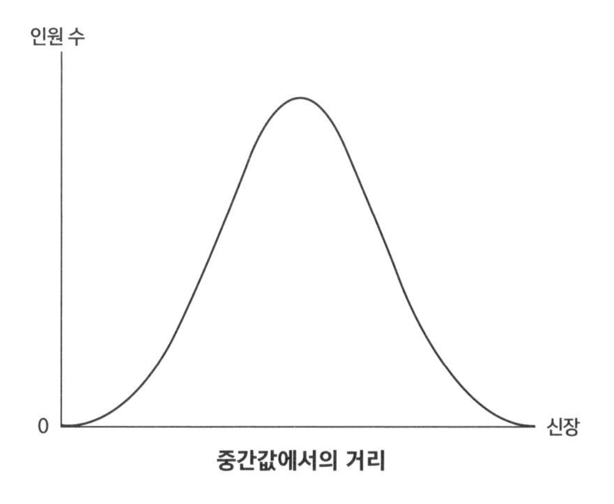

정규분포를 갖는 집단의 개체별 분포를 그리면 중간값 근처의 개체가 가장 많고 중간값에서 멀어질수록 개체수가 급격히 감소하는 종 모양의 곡선이 나타난다.

따를까? 웹페이지를 분석해 인터넷이라는 네트워크의 구조를 처음 밝혀낸 건 복잡계 연구자 앨버트 라슬로 바라바시Albert-László Barabási와 정하웅이다. 처음에 그들이 시도한 접근은 단순했다. A라는 웹페이지로 연결되는 웹페이지의 수를 세어 A 웹페이지로 들어오는 링크의 수를 세는 것이다. 이렇게 하면 모든 웹페이지마다 자신과 연결된 링크의 수를 파악할 수 있다.

연구팀은 당연히 그 결과가 자연계에서 많이 나타나는 종 모양의 정규분포를 따를 거라고 예측했다. 페이지마다 들어오는 링크의 수는 다양하겠지만 중간값을 중심으로 대부분의 웹페이지가 분포하고 링크가 적거나 많은 페이지일수록 감소하는 종 모양이 나타날 거라고 말이다. 그러나 놀랍게도 전혀 다른 그래프가 나타났다. 대부분의 웹페이지는 몇 안 되는 링크를 갖고 있었고 일부 소수의 웹페이지에는 압도적으로 많은 링크가 있었다.

도시를 연결하는 고속도로망과 공항과 공항을 연결하는 항공망도 비슷할 것 같지만 확연히 다른 구조를 띤다. 고속도로를 연결한 네트워크는 각각의 연결점에 연결된 노선의 분포가 종 모양을 이루는 정규분포에 가깝다. 반면 항공망은 연결선이 적은 소규모 공항이 많고 연결선이 상대적으로 많은 허브 공항이 드문드문 나타나며 공항의 수와 연결선 사이에는 멱(지수)함수 형태의 관계가 나타난다.

연구팀은 웹페이지 외에 지진의 규모와 같은 자연현상이나 부의 분포, 심지어 남자와 여자의 섹스 네트워크조차도 멱함수 그래프를 따른다는 것을 발견했다. 그들은 여기서 뇌를 조각조각 내서 분석해본들 작동원리를 알 수 없는 것처럼 인터넷 네트워크의 구조도 연결된 점들의 개별 특성을 연구해서는 결과가 없다는 것을 깨달았다. 이 말은 인터넷이 바꿔놓은 네트워크 세상은 연결 구조를 통해 분석해야 한다는 뜻이다.

인간은 복잡한 세상을 이해하려고 노력해왔다. 얼마든지 추가할 수 있으며 어마어마한 양의 데이터를 순식간에 주고받을 수 있는 인터넷 네트워크는 갈수록 더 많은 것을 연결하고

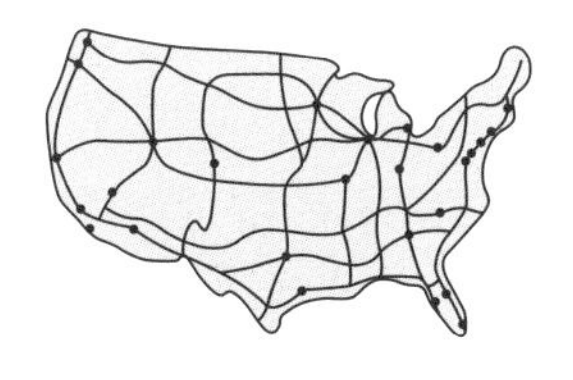

미국의 고속도로 네트워크

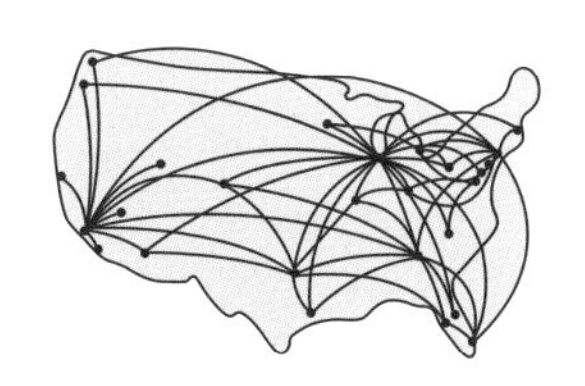

미국의 항공 네트워크

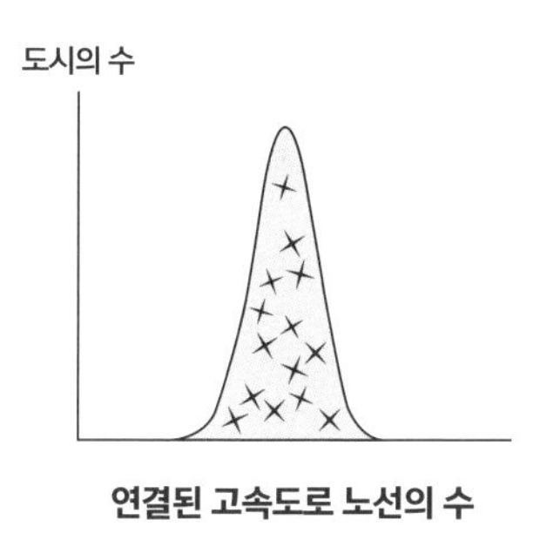

연결된 고속도로 노선의 수

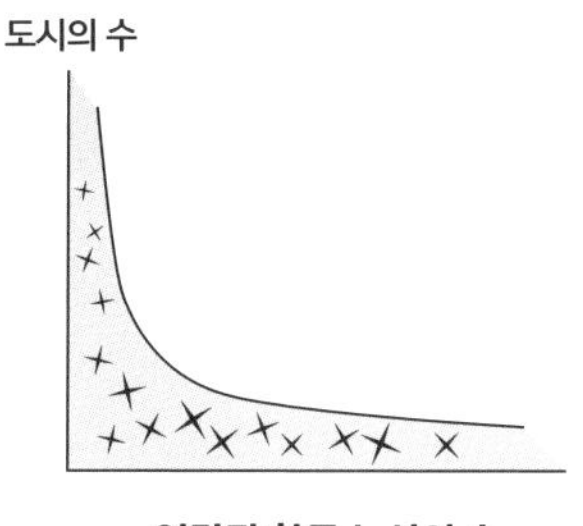

연결된 항공 노선의 수

미국의 고속도로 네트워크는 정규분포와 유사한 모습을 보인다. 대부분 도시에 연결된 노선 수의 중간값 부근에 몰려 있으며 연결된 노선이 매우 많거나 적은 도시는 드물다. 반면 항공 노선은 몇몇 도시에 집중되어 있으며 분포도는 멱함수의 모습과 비슷하다. 항공 노선이 아주 많은 소수의 허브 도시가 있으며 대부분의 도시는 항공 노선의 수가 매우 적다.

복잡성은 더욱 증가할 것이다. 카이스트 물리학과 교수인 정하웅은 복잡한 네트워크의 구조를 알아야 하는 이유를 이렇게 말한다.

"만약 우리가 그 복잡한 곳에서 길을 잃으면 세상을 살아가

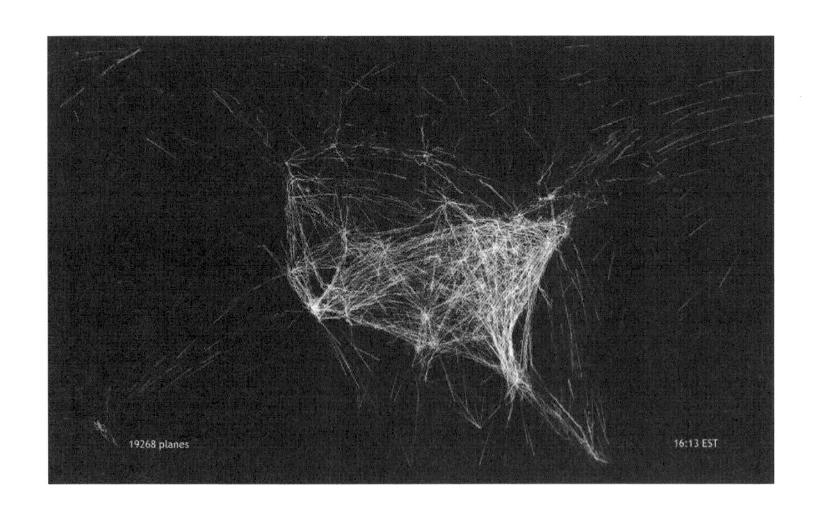

미국 전역을 실시간으로 날고 있는 비행기의 궤적을 보면 항공편 수가 적은 공항과 많은 공항의 차이가 한눈에 보인다. 노선이 집중된 곳을 보면 주요 도시의 위치를 파악할 수 있다.

기가 너무 힘들기 때문에 네트워크에서 나의 위치가 어디인지 나의 연결이 어떤 것인지 파악해야 합니다. 그건 자기 주변만 봐서 알 수 있는 게 아닙니다. 한 발짝 떨어져서 나무를 보는 게 아니라 숲을 보는 것처럼 큰 그림의 네트워크 안에서 자기 위치를 파악하고 소위 말하는 시스템적 사고를 해야 복잡한 네트워크 세상을 이해할 수 있습니다."

이제 복잡한 네트워크 세상에서 나의 위치와 나의 연결을 파악하기 위해 본격적으로 한 걸음 떨어져 숲을 바라볼 이유가 충분해졌다.

점과 선으로 표현하기

1990년대 후반 들어 점점 복잡해지는 현실을 과학적으로 설명하기 위한 연구자들의 노력이 급물살을 타기 시작했다. 이미 1950년대에 발표된 수학자들의 네트워크 연구는 복잡계 네트워크 이론이 탄생하는 데 기초가 되었다.

먼저 기본적으로 네트워크를 표현한 그래프는 다양한 종류의 대상을 구성 요소들 사이의 관계를 노드node와 링크link로 표현한다. 노드는 각각의 구성 요소를 뜻하는 점이며 링크는 노드 사이의 관계를 선으로 표시한 것이다. 어떤 대상이든 일단 그래프로 표현하면 적절한 수학 도구를 활용해서 분석할 수 있다. 행렬matrix은 그래프를 표현하고 분석하는 데 적합한 도구다. 수학자 오일러Leonhard Euler가 푼 쾨니히스베르크의 다리 문제(일명 한붓그리기 문제)는 그래프 이론의 시작을 알린 것으로 유명하다.

일상에서 가장 흔히 마주칠 수 있는 그래프는 지하철 노선도다. 노선도에서 역은 노드로 표시되고 역과 역을 연결하는 노선이 있으면 링크로 연결된다. 시청역과 서울역은 하나의 링크로 연결되어 있으며 을지로4가역과 동대문역사문화공원역 사이에는 두 개의 링크가 있다.

모든 역은 그래프의 어딘가에 연결되어 있으므로 A역에서 B역으로 가는 방법은 항상 존재한다. 많은 경우에는 A역에서 B역으로 가는 방법이 여러 가지다. 을지로3가역에서 교대역으로 가

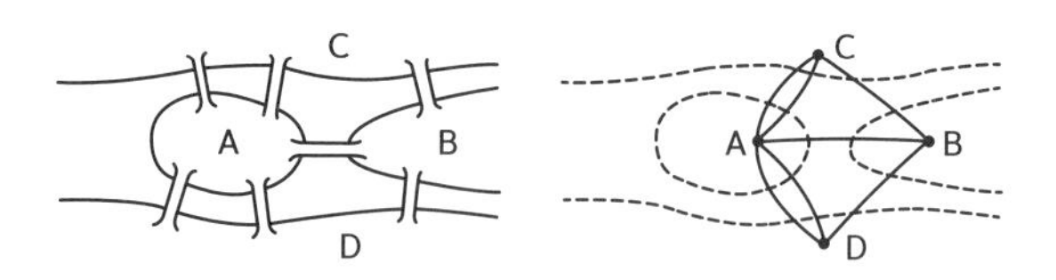

오일러가 살던 쾨니히스베르크(지금의 러시아 칼리닌그라드)를 가로지르는 프레겔 강에는 두 개의 섬이 있다. 주민들은 두 섬과 육지를 잇는 7개의 다리를 모두 한 번씩만 건너면서 출발 지점으로 돌아오는 방법을 찾아보려 했지만 답을 찾을 수 없었다. 오일러는 이 문제를 그래프로 바꾸어 그런 방법이 존재하지 않음을 증명했다. 지금은 A와 C, A와 D를 잇는 다리를 각각 확장 통합해서 총 5개의 다리가 놓여 있다.

는 방법은 몇 가지일까? 을지로3가역에서 교대역으로 가는 3호선을 이용할 수도 있고 2호선을 타도 된다.

n개의 점을 이을 수 있는 연결선의 수는 간단한 수학 공식으로 구할 수 있다. $\{n \times (n-1)\}/2$로 2개의 점 사이에는 1개의 연결선, 4개의 점 사이에는 6개의 연결선, 10개의 점 사이에는 45개의 연결선이 생긴다.

계산과 별개로 을지로 3가역에서 교대역으로 가는 방법은 훨씬 다양하다. 이렇게 하는 사람은 없겠지만 을지로3가-연신내-공덕-삼각지-사당-교대 노선도 이용할 수 있다. 이런 방식이라면 수없이 많은 경로를 뽑아낼 수 있다. 노선도를 보면 역 사이의 교통을 개선하기 위해 (링크의 수를 줄이려면) 어느 노드와

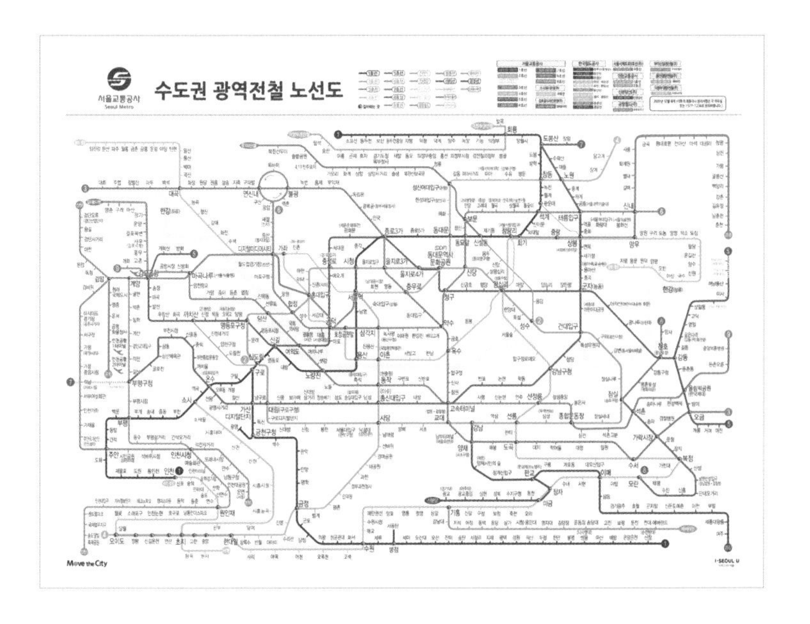

출발역에서 도착역까지 어떤 노선을 택하고 어디서 환승해야 할지 파악하고 싶다면 지하철노선이 표시된 지도를 보는 것보다 노선도가 훨씬 편리하다. 지하철노선도는 역과 역 사이의 연결 관계만 표현한다. 위쪽에 있는 역이 반드시 실제로 더 북쪽에 있지도 않으며 역과 역 사이를 잇는 연결선의 길이는 실제 역 사이의 거리와는 아무런 관계도 없다.

어느 노드를 연결하는 링크를 만드는 것이 효과적일지 알 수 있다. 물론 현실에서는 이런 그래프에 표현되지 않는 여러 조건들이 관여하므로 그래프만으로 노선 추가를 결정하지는 않는다.

사실 지하철노선도에는 노드와 링크 이외에 '노선'이라는 추가 정보가 들어 있다. 각각 다른 색으로 표시된 노선에서 색을 없애면 노선도는 순수하게 노드와 링크만으로 나타낸 그래프가

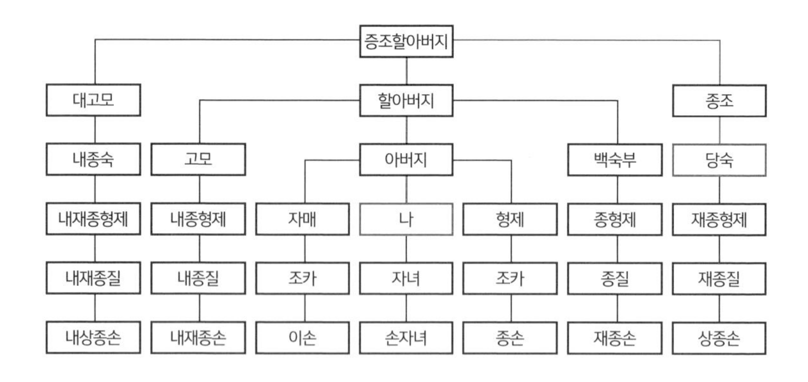

5촌 당숙이 나와 어떤 관계의 사람인지 쉽게 떠올리기 어렵지만 가족관계를 사람은 노드, 부모자식관계는 링크인 그래프로 표현해보면 쉽게 찾을 수 있다. 링크의 수가 촌수다.

된다. 노선이 색으로 표현된 노선도를 갖고 왕십리에서 종로3가로 가는 방법을 찾으면 아마도 5호선을 이용해서 6정거장을 가는 방법을 택하겠지만 노선의 개념이 사라지고 노드와 링크만으로 표시된 그림을 이용한다면 왕십리-을지로4가-종로3가의 경로로 5정거장 만에 목적지에 도착하는 방법을 선택할 것이다.

지하철노선도가 아니더라도 이 세상 대부분의 대상은 노드와 링크로 나타낼 수 있다. 가족관계, 교우관계, 회사의 조직도, 기계를 구성하는 부품, 컴퓨터의 내부 구성 요소들, 인체의 장기와 혈관, 골격 사이의 관계, 사회의 구성 요소, 경제 주체들 사이의 관계, 태양계의 행성 사이의 관계도 네트워크로 표현할 수 있다.

지하철 네트워크는 복잡해 보이지만 오늘날 존재하는 다른 네트워크들에 비하면 극히 단순한 편이다. 도로는 전국에 걸쳐 있는 거대한 네트워크다. 도로에 접한 곳이라면 어디든 도로를 이용해서 갈 수 있다.

전국을 연결하는 이동통신망의 기지국 네트워크나 전화, 전기, 가스 등도 각각 거대한 네트워크를 이룬다. 전 세계에 펼쳐져 있는 가장 복잡한 네트워크는 인터넷일 것이다. 네트워크 위에서는 어느 한 노드에서 다른 노드로 가는 방법이 반드시 존재하므로 인터넷에서도 일단 접속하면 어떤 경로를 통해서건 원하는 상대에게 도달할 수 있다. 어느 역에서 지하철을 타더라도 환승을 몇 번 하느냐가 관건일 뿐 목적지까지 지하철로 갈 수 있는 것과 마찬가지다.

도시도 네트워크로 표현할 수 있다. 지하철노선을 포함해 버스 정거장, 도로, 건물, 상하수도, 전기, 가스, 통신망, 공원, 하천, 녹지 어떤 구성 요소든 노드로 표시하고 이들 사이의 연결을 링크로 표시하면 종류별 네트워크를 그릴 수 있다. 복잡성을 떠나 인체의 구조나 뇌의 신경세포, 생태계나 도시와 종교 등 사실상 모든 구성 요소의 관계는 네트워크로 표현할 수 있다.

네트워크 이론은 네트워크가 갖는 고유의 성질과 함께 네트워크로 표현되는 존재(어떤 것은 도로나 인터넷처럼 실체가 있고 사람 사이의 관계처럼 개념적인 것들도 있다)들이 갖는 공통의 특성을 찾아내어 대상을 이해하려는 방법이다. 숲을 파고들어 나무를 들여다보는 것이 아니라 숲 바깥에서 숲을 바라보며 이해하려는 접근법이라고 할 수 있다.

네트워크의 종류

자연과 사회에는 다양한 네트워크가 존재한다. 이들은 네트워크 구조에서 기인하는 공통된 특징을 갖기도 하지만 각각의 네트워크가 이루어지는 연결 방식에 따라 다양하게 분류할 수 있다. 대표적인 4가지 형태를 보면 정규regular, 무작위random, 좁은 세상small-world, 척도 없는scale-free 네트워크다. 노드가 16개인 네트워크를 구성하는 경우를 생각해보자.

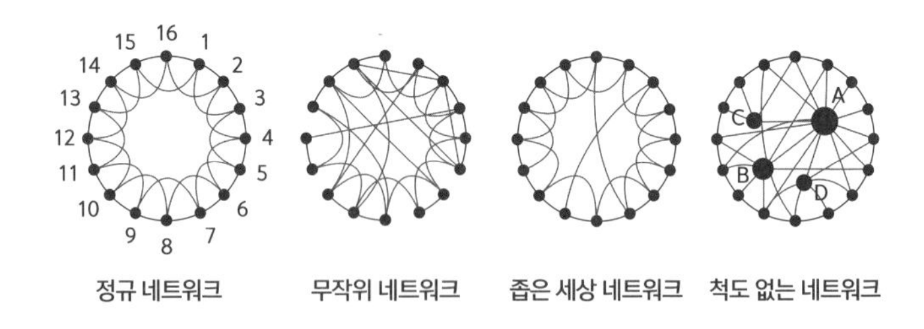

첫 번째 정규 네트워크는 어느 노드나 다른 4개의 노드와 연결되어 있으며 모든 노드 사이에는 링크의 수와 구조에 아무런 차이가 없다. 어느 노드나 인접한 노드와 연결되어 있고 좌우로 두 칸 떨어진 노드와도 링크가 있다. 모든 노드가 동일한 규칙을 적용받고 있어 정규 네트워크라고 부른다.

두 번째 무작위 네트워크는 어떤 노드는 링크가 하나이고 어떤 노드는 링크가 여러 개이고 노드들의 링크 개수에 아무런 규칙성이 없다. 노드들을 연결하는 규칙이 따로 없어 무작위 네트워크라고 한다.

세 번째 좁은 세상 네트워크는 정규 네트워크에 더해 몇 개의 링크가 중앙을 가로질러 지름길로 연결되어 있다. 정규 네트워크에서는 16번 노드에서 8번 노드로 가려면 16-2-4-6-8의 4단계를 거쳐야 하지만 그림의 좁은 세상 네트워크에서는 16-7-8로 2단계 만에 연결된다. 몇 개 링크만 무작위로 추가되어도 노드 사이의 연결 단계가 현저하게 줄어드는 네트워크다.

좁은 세상 네트워크라는 이름은 사람과 사람의 관계를 네트워크로 표현했을 때 나타나는 특성에서 따왔다. 스탠리 밀그램 Stanley Milgram의 연구에 의하면 미국 내에서 모든 사람들은 몇 단계 거치지 않고 연결되는데 중간값이 5.5였다. 임의의 두 미국인은 대체로 6명 정도의 아는 사람을 거치면 서로 연결되었다.

내가 가깝게 지내는 사람이 10명이고 또 그 사람들 각각이 10명과 친한 식의 연결이라면 6단계를 거쳐본들 도달할 수 있는 사람의 수는 10^6=100만 명에 불과하므로 2억이 넘는 미국 인구가 다 연결될 수 없다. 그런데 밀그램은 일부의 연결이 지름길을 만들어준다면 이를 통해 대부분의 사람들이 6단계 정도로 연결이 가능했다는 걸 발견했다. 이 결과를 바탕으로 세상이 생각보다 좁다는 의미에서 '좁은 세상' 네트워크라고 불린다.

네 번째 척도 없는 네트워크는 훨씬 복잡한 링크가 많아진 경우로 평균 연결 이상으로 많은 링크를 가진 노드(허브)가 나타

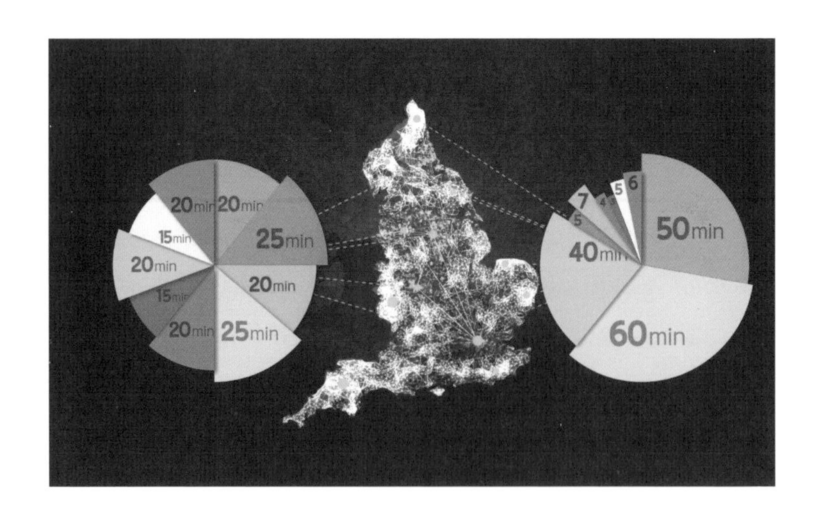

영국인의 통화 패턴을 조사한 결과는 척도 없는 네트워크의 전형적 모습을 보여준다. 부유한 지역에 사는 사람들이 더 다양한 사람들과 균등한 시간으로 통화하고 상대적으로 빈곤한 지역에 사는 사람들은 소수의 특정인에게 통화 시간이 집중되어 있다. 연결선이 많은 파란색 점은 통화량이 집중된 곳으로 부유한 지역에 속한다.

난다.[14] 이런 형태의 네트워크에서는 특정한 몇 개의 노드가 여타 점에 비해서 많은 수의 링크를 (경우에 따라서는 링크가 엄청나게 많기도 하다) 가진다.

세상에 존재하는 네트워크 중의 상당수는 규모가 커지면서 인간이 의도하지 않은 방식으로 성장한다. 전 세계에 펼쳐져 있는 인터넷망이나 항공망은 전체 구조를 처음부터 미리 정하고 계획에 따라 만든 것이 아니라 수십 년에 걸쳐 점차 복잡한 모습으로 변하면서 현재의 모습에 이른 것들이다. 이렇게 복잡한 현실 세계에 존재하는 네트워크의 상당수가 척도 없는 네트워크의 형태와 유사하다고 알려져 있다.

멱함수 법칙이 나타나는 네트워크

네트워크에서 각 노드의 개수와 노드별 링크 개수 분포 사이의 관계를 살펴보면 그 네트워크의 특성이 드러난다. 척도 없는 네트워크는 이 관계가 (지수가 음수인) 멱함수power function로 표현되며 멱함수 법칙power law이 나타난다고도 한다. '멱'은 지수를 의미하는 한자이므로 지수함수로 표현된다는 뜻이다.

중요한 것은 멱함수의 수학적 표현을 떠나서 네트워크에서 멱함수 관계가 나타날 때 네트워크가 보여주는 특성을 이해하는 것이다. 이런 네트워크는 척도scale 불변성을 갖고 있다. 간략히 말하자면 자연 상태에는 수많은 노드가 존재하는데 자연은 링크가 아주 많은 노드와 링크가 적은 노드 중 어느 쪽도 특별히 선호하지 않는다는 의미다.[15] 자연법칙은 중립적이고 편향되지 않았다고 해석할 수 있다. 직관적으로 생각해보면 링크의 수가 중간 정도인 노드가 링크가 아주 적거나 많은 노드보다 훨씬 많을 것 같지 않은가? 하지만 실제 네트워크에서는 그저 우발적으로 나타날 뿐이다.

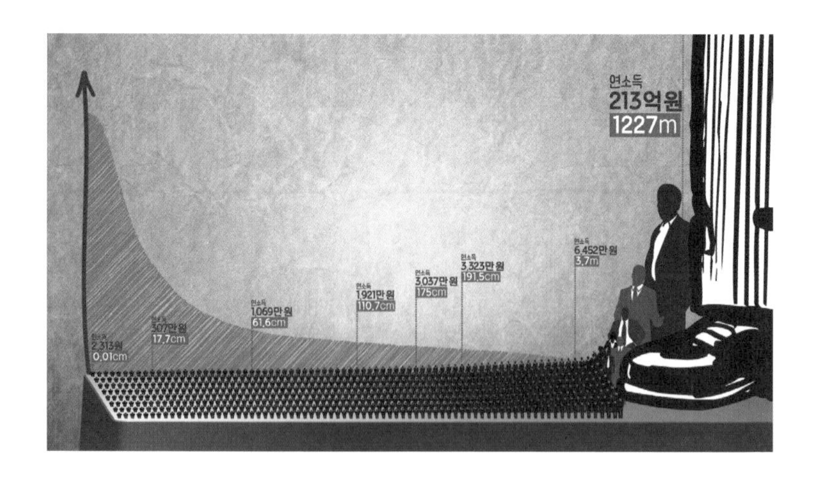

2014년 국세청 자료를 바탕으로 만든 소득분포 그래프. 1년에 2000원 남짓 버는 사람과 200억 원 이상을 버는 사람이 있다. 소득을 사람의 키에 비유해보면 극소수의 부자는 거인처럼 보인다. 이런 구조는 네트워크에도 나타난다.

사회적 현상 중에서 멱함수의 특성을 보여주기 위해 이용하는 예로는 소득의 정도에 따른 인구분포가 가장 흔하다. 소득분포 그래프에서 x축은 소득, y축은 사람의 수를 나타낸다. 이 그래프가 보여주는 것은 소득이 극히 많은 사람은 소수고 소득이 아주 적은 사람이 많다는 것이다. 그리고 (이 점이 중요한데) x축의 오른쪽으로 아무리 가도 y축이 좀처럼 0에 다가가지 않는다. 현실적으로는 소득이 극히 많은 사람이 있을 확률이 존재한다는 의미다.

물론 현실에서 소득과 인구의 분포는 완벽하게 멱함수를 따르지는 않고 대략 비슷한 형태를 보인다. 멱함수 그래프에 따르면 소득이 0에 가까운 사람은 거의 무한하게 많아야 하나 그렇지 않고 세상에 존재하는 재화의 가치는 유한하므로 소득이 무한에 가까운 사람도 있을 수 없다.

그런데 어째서 이처럼 불공평해 보이는 (소득이 엄청나게 많은 사람이 극소수 존재하고 소득이 적은 사람이 압도적으로 많이 존재하는) 상태를 '자연이 특별한 선호도를 갖지 않는다'라고 표현한 것일까? 멱함수 형태로 표현되는 네트워크에서는 '특징적'인 노드(여기서 각각의 개인은 노드다)라는 개념이 적용되지 않기 때문이다.

정규분포를 보이는 신장분포에서는 160~180센티미터의 학생 100명이 있다면 다수가 중간값인 170센티미터 근처에 몰려 있다. 이런 경우에는 170센티미터가 그 집단을 대표하는 특징이라고 할 수 있다. 그러나 멱함수 분포를 따르는 네트워크에서는 중간값으로 대표되는 특징이 나타나지 않는다. 소득이 적은 사람부터 많은 사람까지 다양한 사람이 있을 뿐이다. 자연이 특별히 어떤 수준의 소득에 대해 선호하지 않는다는 의미다. 반면 학생 100명의 키에 대해 자연은 분명히 '170센티미터 근처의 신장'을 선호했다고 볼 수 있다.

흥미로운 것은 네트워크로 표현되는 사회와 자연의 많은 체계(사실 여기에 속하지 않은 것이 거의 없다)에서 멱함수적 특성이 나타난다는 점이다. 척도 없는 네트워크가 멱함수 특성을 가진다는 것을 떠올려보면 자연과 사회의 많은 네트워크, 심지어 인간이 만든 네트워크조차도 척도 없는 네트워크의 형태를 갖고 있다고 할 수 있다.

신장과 소득의 분포에는 또 다른 차이가 있다. 학생 100명의 신장은 네트워크로 표현되지 않는다. 학생을 노드라고 볼 때 임의의 두 노드를 신장에 근거해서 연결할 방법은 없다. 분포는 나타나지만 연결 관계에서 의미를 찾아낼 수는 없다. 반면 소득은 복잡하게 연결된 개인들 간의 관계인 사회에서 만들어지는 값이므로 전혀 모르는 사람들끼리도 서로의 소득이 형성되는 과정에 어떤 식으로든 영향을 주고받는다. 유명 연예인이 광고에 출연한 제품을 구입하는 것은 그 연예인을 의식하지 않더라도 그 사람에게 경제적으로 기여하는 것이다.

만약 사람들 사이의 경제적 관계를 노드와 링크로 나타낼 수 있다면(아마 불가능하겠지만) 척도 없는 네트워크의 모습을 보일 가능성이 높다. 거의 모든 사람은 경제적으로 부유한 연예인이나 기업가, 스포츠 스타와 같은 경제 네트워크 허브에 연결되어 있다. 다만 한방향으로만 연결되어 있을 뿐이다.

네트워크로 표현되는 자연과 사회의 많은 현상에서 멱함수의 법칙을 발견할 수 있다. 도시의 인구와 인구별 도시의 수, 지진의 빈도와 규모, 주가의 등락폭과 빈도, 전염병의 전파, 심지어 전쟁의 빈도와 규모 사이에서도 멱함수적 관계가 나타난다. 이는 관찰할 수 있는 많은 네트워크가 척도 없는 네트워크의 형태로 구성되어 있으며, 초거대 도시나 초거대 지진, 예측하지 못한

주가 대폭락, 전염병의 대유행 등은 자연의 입장에서 보면 특별히 선호한 사건이 아니라는 뜻이기도 하다.

2011년 동일본 대지진이 일어났을 때 꽤 여러 일본인들이 낙담 반 희망 반의 기분으로 "이렇게 큰 지진이 났으니 앞으로 오랫동안 큰 지진은 안 날 거야"라고 이야기했다.

그러나 안타깝게도 지진의 빈도와 규모에 나타나는 멱함수 법칙이 의미하는 것은 큰 지진이 났다고 다음 번 큰 지진이 한참 있어야 날 가능성이 높다는 뜻이 아니다. 그저 큰 지진이 발생 빈도가 낮은 지진에 비해서 (멱함수적 관계로) 적을 뿐이라는 것이다. 네트워크에는 시간의 개념이 들어 있지 않으므로 멱함수 분포를 그리는 지진의 규모와 지진이 일어나는 간격 사이의 관계에서는 아직까지 아무런 패턴을 찾지 못했다.

이런 관찰은 때로 인간의 직감에 반하는 것처럼 느껴질 수 있다. 규모가 더 큰 지진이나 태풍, 홍수가 드물게 일어나는 것과 마찬가지로 소득이 심하게 많은 사람이 드물게 존재하는 것도 자연의 법칙으로 설명할 수 있다는 게 선뜻 와닿지 않는다.

산불은 더 놀랍다. 인간은 산불을 '사고'나 '재난'이라고 부르지만 그건 인간의 사정이다. 1986년부터 1995년까지 미국에서 조사한 산불의 규모와 빈도를 살펴보면 둘 사이에 분명한 멱함수적 특성이 나타났다. 산불이 일어나는 원인은 자연발화에서부터 실수, 의도적 방화에 이르기까지 전혀 다른 종류의 다양한 원인이 있는데도 그랬다. 인간의 의도적 행동이라고 여겨지

산불은 발생 원인에 관계없이 규모와 빈도 사이에
멱함수 관계가 나타난다.

는 것조차 자연법칙의 지배를 받는 것처럼 해석할 수도 있다.

산불을 관리해야 하는 당국의 입장에서는 모든 산불을 진화하고 산불의 발생을 억제하는 정책을 시행한다. 그 효과로 작은 규모의 산불이 일어나는 것은 막을 수 있었다. 그러나 1988년 옐로스톤국립공원에 대화재가 일어난 후 미국 정부는 산불이 인위적으로 통제할 수 있는 사고가 아니라 자연현상이라는 것을 깨닫게 되었다. 큰 산불이 일어날 확률은 산불 방재 정책의 영향권 너머에 있었고 작은 규모의 산불을 이잡듯이 억제하는 사이에 숲은 작은 불씨에도 더 큰 산불로 번질 수 있는 상태로 성장했다. 그 상태에서 산불이 일어나자 걷잡을 수 없는

수학자나 과학자들이 확률이라고 부르는 것을 일반인들은 운이라고 부른다. 멱함수는 운의 다른 이름일지도 모를 일이다.

상황으로 번져갔던 것이다. 멱함수의 법칙이 나타나는 현상을 제어해보려던 인간의 시도는 적어도 산불에 한해서는 실패한 것이다. 대화재 이후 정부 정책은 중간 규모의 산불은 진압하지 않는 방향으로 바뀌었다.

피하는 것 외에는 막을 방법이 없는 지진에 비해서 산불이나 주식시장, 도시의 인구 규모, 부의 분배와 같은 문제들은 인간이 개입할 여지가 있기 때문에 인간이 어느 정도 혹은 거의 통제할 수 있다는 생각을 갖기 쉽다. 하지만 산불의 예에서 알 수 있듯 인간의 개입은 더 큰 사건이 일어날 수 있는 아슬아슬한 상태로 자연을 몰아붙인 것에 지나지 않았다.

작은 사건이 일어날 가능성은 없애버렸으나 큰 사건이 일어날 가능성은 손대지 못했으니 어쩌다 (자연에서 '어쩌다'는 '언젠가'로 바꿔 쓸 수 있다) 일어난 사건은 큰 사건일 수밖에 없는 상황을 만든 것이다.

척도 없는 네트워크

복잡계 연구자 바라바시는 척도 없는 네트워크에서 멱함수적 특성이 나타나는 이유는 몇몇 특정 노드가 링크를 과점하기 때문이라고 설명한다. 그는 네트워크에서 유난히 링크가 많은 노드를 허브라고 불렀다. '마당발'로 소문난 친구는 인간관계 네트워크의 허브고 인천공항은 대한민국 항공망의 허브다.

바라바시는 척도 없는 네트워크가 만들어지는 원리를 성장과 선호적 연결이라는 두 개의 키워드로 설명한다. 초기의 작은 네트워크는 소수의 노드로 시작해서 새로운 노드가 추가되면서 확장된다. 새로운 노드는 기존의 네트워크에 연결될 때 어느 노드에 연결할 것인지 선택할 수 있다. 이때 네트워크에 추가되는 신규 노드는 이미 많은 링크를 갖고 있는 노드를 선호한다.

항공사가 신규 노선을 추가하거나 신규 항공사가 영업을 시작할 때 어느 노선을 먼저 개통할지 고민하는 경우와 마찬가지다. 저가 항공사들의 신규 노선을 개통할 때 제일 먼저 서울-제주 노선을 내놓는다. 2019년 기준 서울-제주 노선은 연간 항공편 수가 7만 9640편에 이르고 전 세계의 모든 항공 노선을 통틀어 1위다.

항공 노선 네트워크에서 서울과 제주를 연결하는 링크의 수가 가장 많다. 현실에서는 항공사들이 단지 기존의 링크 수를 기준으로 선택하는 건 아니지만 네트워크가 성장하면서 링크가 많은 노드에 연결하고자 하는 성향은 분명하다. 새로운 항공사가 생긴다면 여전히 서울-제주 노선에 먼저 항공편을 투입하고 싶어 할 것이다. 이렇게 네트워크에 새로운 노드가 나타날 때마다 기존의 링크가 많은 노드에 링크가 더해지는 패턴은 점점 가속화하고 결과적으로 초거대 허브가 탄생한다.

먹자골목에서 사전 정보가 없는 고객이 식당을 고를 때 손님이 없는 곳보다 손님이 많은 곳으로 가는 것도 같은 이유다. 이웃한 식당이 (실제로 맛이나 서비스의 차이는 별로 없어도) 한 곳은 붐비고 한 곳은 한산한 모습을 보일 수 있다. 식당에서 손님이 오면 창가 쪽으로 먼저 안내하는 것도 멱함수 법칙에 대한 본능적 반사작용이라고 할 수 있다.

지금까지 네트워크의 구조와 그 세계에서 나타나는 멱함수 법칙을 살펴보았다. 이 복잡하고 생소한 개념을 이야기했던 건 바로 인터넷이 바꿔놓은 세상을 시스템적 사고로 이해하기 위해서였다. 과연 인터넷이라는 네트워크는 어떤 것일까?

인터넷은 거대한 척도 없는 네트워크다. 인터넷에 존재하는 웹페이지는 16억 개 정도인데 웹페이지 하나하나를 노드라고 할 수 있다. 인터넷에 있는 웹페이지는 적어도 어느 한 곳에 링크되어 있다. 웹페이지에 따라 연결된 링크의 수는 그야말로 하늘과 땅 차이인데 그 분포는 멱함수를 그린다.

인터넷에 존재하는 문서들을 하나의 표준으로 관리하려는 월드와이드웹WWW 프로젝트가 시작되던 1989년에는 인터넷에 웹사이트(노드)가 단 한 개뿐이었다. 그 전에도 컴퓨터를 연결하는 네트워크는 있었지만 각각 다른 규격을 사용했고 이 각각의 네트워크들을 연결하려는 개념으로 만들어진 것이 네트워크의 네트워크인 '인터넷inter-net'이다.

월드와이드웹이 등장한 후 인터넷의 노드 수는 폭발적으로 늘기 시작했다. 그 노드 중에는 유난히 많은 링크를 가진 허브들이 생겨난다. 인터넷에 접속한 스마트폰이나 PC의 대부분은 이런 허브에 집중적으로 연결된다. 네트워크가 성장하면서 허브 노드에 선호적 연결 특성을 보인다는 건 결과적으로 대규모 허브가 나타나고 그 허브의 성장 속도는 더 빨라진다는 것이다. 자연스럽게 부익부 현상이 일어난다.

구글, 페이스북, 아마존과 같은 거대 기업이 나올 수 있었던 이유는 이렇듯 인터넷 네트워크가 태생적으로 부익부 현상을 지녔기 때문이다. 경제학적 관점으로 보면 거대한 허브에서는 사용자가 늘어나면서 서비스와 제품의 가치가 높아지고 그로 인해 더 많은 사용자를 끌어당기는 '네트워크 효과'가 발생한다.

인터넷에서 거대한 허브의 등장은 자연스러운 현상이지만 허브가 너무 거대해지면 부작용도 따른다. 인터넷 네트워크의 강력한 허브는 현실 세계의 거의 모든 분야에서 이미 막대한 영향을 미치고 있다. 검색, 온라인 쇼핑, 뉴스, 소셜미디어, 메일 등 어느 서비스를 이용하려 해도 거의 항상 거대 허브를 거쳐야 한다.

그 과정에서 지인, 구매 기록, 거주지, 관심 분야를 비롯한 다양한 개인정보가 허브로 흘러들어가고 이는 고객의 취향과 행동, 소비 패턴을 분석하는 데 사용되어 다시 허브 기업의 수익을 증대시킨다. 개인정보와 사생활 보호 문제, 잊힐 권리 등 지금까지 온라인상에서는 중요하게 부각되지 않았던 문제들이 점차 중요해지는 것도 이와 관련이 있다.

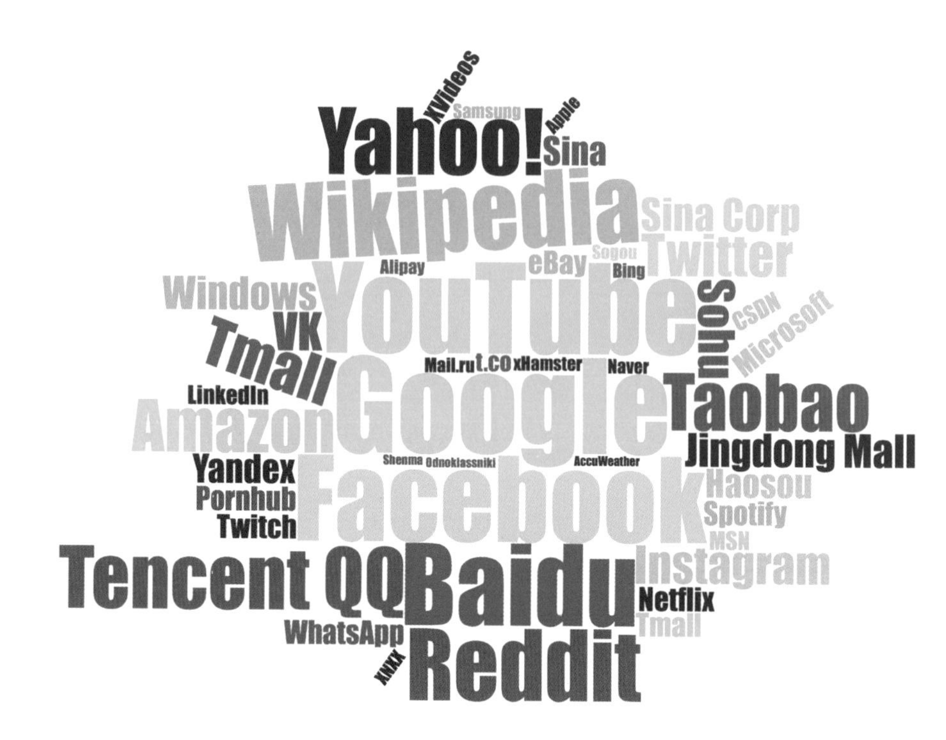

방문객 수에 따라 인터넷 사이트를 네트워크로 표현하면 구글, 유튜브, 페이스북이 압도적으로 크게 그려진다. 전형적인 척도 없는 네트워크의 형태다. 사전 지식이 없는 사람에게 수많은 웹사이트 중 아무 곳이나 한 곳만 가볼 수 있다고 하면 어디를 선택할까?

인터넷을 중심으로 시작된 경제 지형의 변화는 사람들의 행동과 가치관에도 영향을 주었다. 소셜미디어를 통한 여론의 소통 또한 중요한 장점이다. 집단 사이 가치관의 괴리가 더 심해지거나 가짜 뉴스가 만들어지는 등의 부작용도 발생하고 있지만 이는 인터넷이 완전히 사회의 곳곳에 자리 잡아가는 과정에서 풀어갈 문제일 것이다.

또한 인터넷은 누구나 진입이 가능한 무대다. 과거에는 아이디어가 있어도 기회를 얻지 못하던 많은 소기업과 개인에게도 가능성을 열어준다. 지금껏 어떤 네트워크도 인터넷만큼 접근이 쉽고 진입장벽이 낮은 무대는 없었다. 이미 전 세계를 덮고 있는 네트워크에 사람과 사물을 가리지 않고 누구나 접근이 가능하다는 특징은 4차 산업혁명을 위한 완벽한 레드카펫이 아닐까.

복잡하지만
엉키지 않은 곳

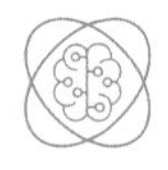

빅데이터가 인공지능을 만났을 때

컴퓨터와 스마트폰이 인터넷과 만나면서 다양한 변화가 일어났다. 인터넷 포털 사이트는 신속성을 필요로 하는 뉴스를 전달하는 데 있어서 신문이나 잡지를 태생적으로 압도할 수 있었다. 신문의 발행부수는 격감했으며 대부분의 신문사는 서둘러 온라인 사이트를 만들어 실시간으로 기사를 올린다.

미국의 일간지 발행부수는 1984년 6334만 부에서 2018년 2855만 부로 반 이상 감소했다. 반면 50개 주요 일간지의 일평균 접속자 수는 1160만 명 수준이다. 2018년 미국의 매체별 뉴스 선호도는 TV 41퍼센트, 온라인 매체 37퍼센트, 인쇄물 13퍼센트였다. 뉴스에 대한 수요는 오히려 늘어났으니 인터넷의 다른 경로를 통해서 뉴스를 접할 수 있게 된 것이다. 한국의 경우

정기간행물 발행을 등록한 인터넷신문만 해도 2005년 293개에서 2020년 9164개로 약 30배 이상 증가했다.

두 번째 변화로 꼽을 수 있는 것은 아마존으로 대표되는 온라인 쇼핑의 활성화다. 온라인 쇼핑은 비즈니스를 비롯한 서비스 전반에 근본적 변화를 가져온 도화선이 되었다. 지금은 너무나 많은 사람들이 이용하는 온라인 쇼핑이 등장한 건 그리 오래되지 않았다.

더군다나 온라인 쇼핑은 처음부터 시장을 뒤흔든 것도 아니었다. 1994년에 설립된 아마존이 판매하던 품목은 도서(인터넷으로 인해서 큰 타격을 받은)였는데 아마존이 처음으로 흑자를 낸 것은 설립 후 8년이 지난 2001년이다. 이익도 크지 않았다. 7년 동안 적자인데도 기업을 유지하는 데 필요한 자본 유치가 가능한 미국적 환경이 아니었다면 지금의 아마존은 물론 온라인 쇼핑이 자리 잡기 힘들었을 것이다. 아마존의 성공은 수년 동안 적자를 감수하면서 사업을 계속하는 비즈니스 모델이 퍼져 나가는 계기가 되기도 했다.

이어서 애플이 음악을 중심으로 하는 온라인 미디어 판매 서비스인 아이튠즈 스토어iTunes Store를 2003년에 시작했고, 1997년 설립되어 겨우 925개의 타이틀(당시 입수 가능한 모든 DVD)을 갖고 렌털 사업을 시작했던 넷플릭스는 아마존의 성공을 보며 2007년 온라인 미디어 서비스를 시작했다.

온라인 쇼핑이 등장하기 이전에도 통신판매업체들은 취급

하는 품목의 사진과 설명이 실려 있는 홍보용 책자를 배포하고 전화나 우편으로 주문을 받은 후 물품을 배송해주는 사업을 하고 있었다. 개념적으로는 책자로 만들어진 카탈로그나 전화, 엽서를 받고 상품을 골라 주문하는 것과 모니터로 웹사이트에 올라온 상품을 검색하고 온라인으로 주문하는 정도의 차이였다. 하지만 결정적으로 다른 게 있었다. 바로 고객의 데이터다.

온라인 서비스의 고객은 일반 대중이다. 서비스 제공업체들은 고객 유치를 위해서 고객의 특성을 상세하게 분석할 필요가 있다. 온라인 쇼핑이 등장하기 전에는 소매업체가 고객의 정보를 자세하게 파악하는 데 한계가 있었다. 그러나 컴퓨터를 사용하는 온라인 쇼핑의 특성 덕분에 웹사이트를 방문한 고객의 모든 활동을 기록할 수 있었다. 실제로 주문한 품목 이외에 어떤 품목들을 살펴보았는지 같은, 전에는 결코 알 수 없었던 정보도 차곡차곡 쌓여갔다.

온라인으로 수집한 데이터는 다른 데이터에 비해 충실성이 매우 높은 편이다. 고객은 웹사이트를 서핑하면서 자신이 실제로 관심 있는 정보를 찾는다. 인터넷에서 사용자들이 남기는 흔적에는 거짓이 없기 때문에 온라인 업체는 고객에게 관심 분야가 무엇이냐고 물을 필요가 없다. 굳이 구글의 눈을 속이기 위해 전혀 관심 없는 내용을 검색하고 흥미 없는 웹사이트를 서핑하는 데 시간을 쓸 사람은 없으니까 말이다.

이렇게 충실성이 높은 데이터가 하루가 다르게 늘어나자

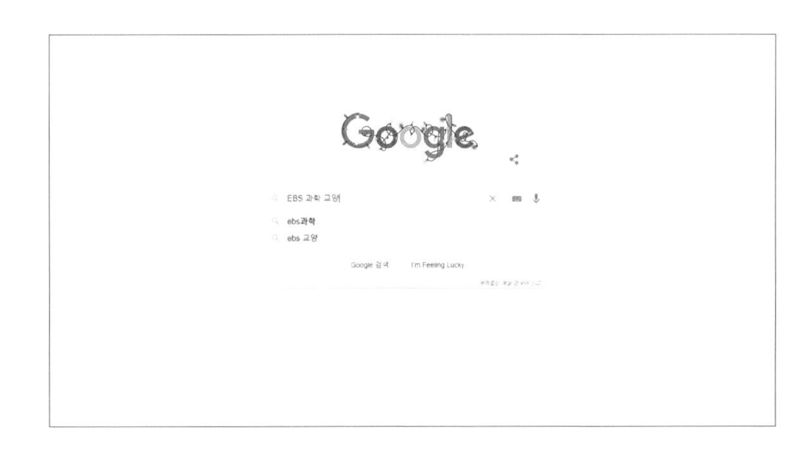

검색은 관심이 있고 찾고자 하는 정보를 얻기 위한 행동이다.
검색창 앞에서는 누구나 정직해진다.

이를 처리할 수 있는 분석 도구가 개발된다. 막대하게 증가하는 데이터를 빠르게 분류하고 분석해 이용가치 있는 결과물을 도출하기에 가장 적합한 것이 바로 인공지능이다. 또한 새롭게 부각되고 있던 인공지능 분야에서도 더없이 좋은 기계학습용 데이터가 확보되는 윈-윈 상황이 맞아떨어지면서 온라인 쇼핑의 고객맞춤 서비스는 발 빠르게 성장했다.

온라인 서비스 이외의 분야에서도 수많은 데이터(빅데이터)가 인터넷을 통해 생성되자 인공지능이 필수 도구로 활용되는 분야가 늘어났다. 인공지능과 빅데이터는 마치 기후최적기와 맞물려 최대 번성을 누린 로마 제국처럼 인터넷에 조성된 기막힌 선순환 구조에서 상승작용을 일으키며 폭발적 성장을 거듭한다. 인공지능 기술은 점점 고도화되었고 끊임없이 쏟아지는

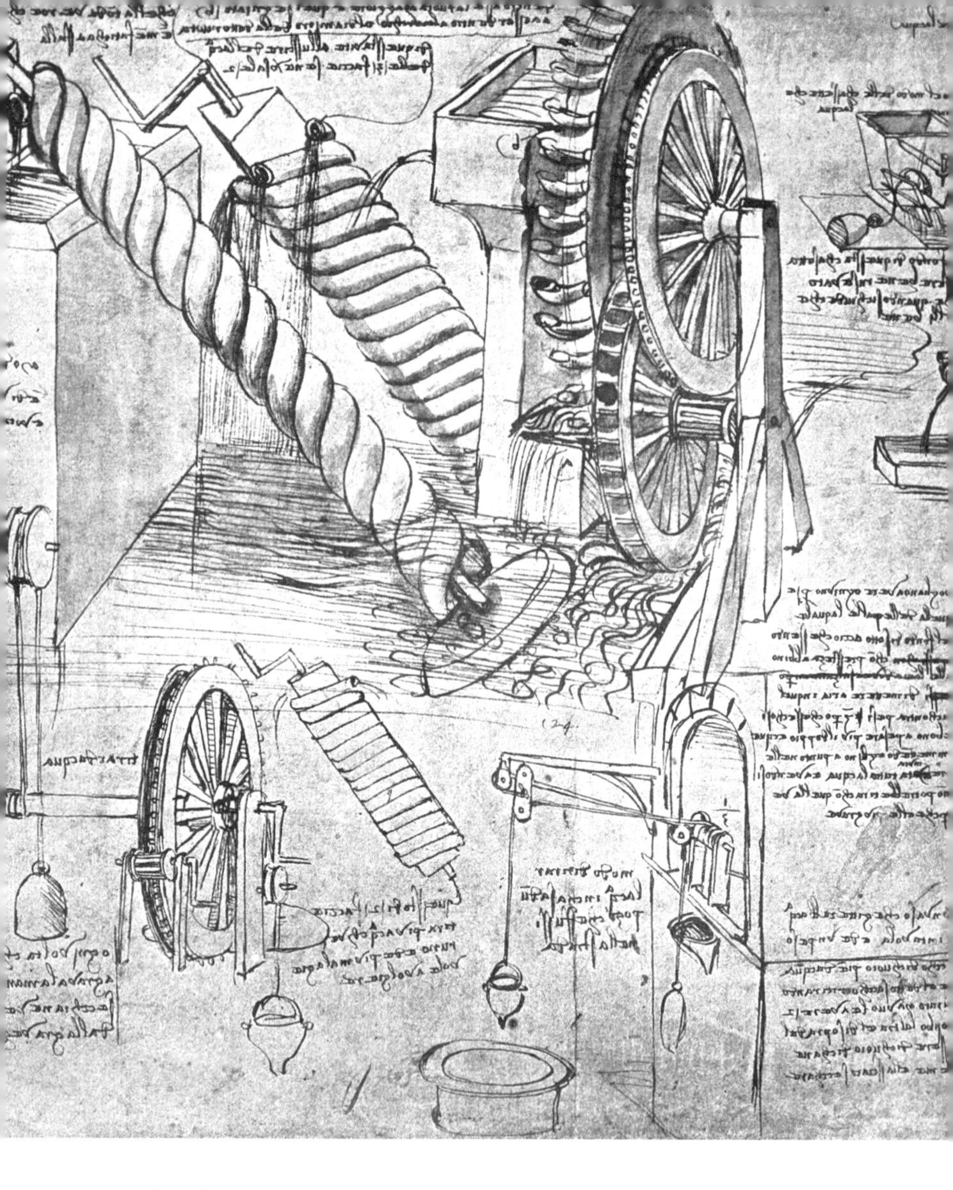

레오나르도 다빈치는 자신의 아이디어와 연구 내역을 7000쪽이 넘는 분량의 상세한 기록으로 남겼다. 기록된 사실과 기록되지 않은 사실 사이에는 넓은 강이 흐른다. "기록된 것은 정보, 기록되지 않은 것은 (불분명한) 기억."

빅데이터로 기계학습을 마친 인공지능은 더욱 세밀하게 고객을 분석해 상품 추천이나 배송 등 온라인 서비스의 품질을 높였다.

구글과 같은 검색엔진, 페이스북으로 대표되는 SNS도 수많은 사람들을 인터넷으로 끌어들였고 온라인 쇼핑이나 스트리밍 서비스와 마찬가지로 무서운 성장 가도를 달리고 있다. 회원제로 다양한 온라인 쇼핑과 스트리밍 혜택을 제공하는 아마존 프라임의 2019년 가입자는 1억 5000만 명을 넘고 넷플릭스의 2020년 전 세계 유료 가입자는 2억 명에 육박한다. 이 정도면 구글의 서비스를 이용하는 사람은 컴퓨터와 스마트폰을 사용하는 사람 거의 모두라고 해도 과언이 아니다.

인터넷이라는 통신망을 토대로 빅데이터와 인공지능이 만나 세상을 바꾸었고 앞으로 더 새로운 일들이 펼쳐질 거라 예상된다. 이와 같은 인터넷 번성의 핵심은 인터넷이 제공하는 연결성뿐 아니라 접속 이후의 모든 정보를 기록하는 것이 가능하다는 데 있다.

센서로 둘러싸인 도시, 사물인터넷

인터넷에 연결되는 기기는 컴퓨터이고 사람이 이 컴퓨터를 다룬다는 개념은 매우 자연스럽다. 실제로 온라인 쇼핑, 서비스, SNS, 검색 등을 포함해서 보편적으로 생각할 수 있는 인터넷 접속은 모두 최종적으로 사람이 개입된다. 하지만 데이터가 부와 권력이 원천이자 가장 중요한 자산이라는 것이 알려지면서 사람들은 더 많은 데이터를 효율적으로 수집하는 방법을 모색했다. 사람이 일일이 개입하지 않아도 도처에서 데이터를 수집해 인터넷으로 전송받을 수 있다면 어떨까?

사물인터넷IoT:Internet of Things은 사람이 아닌 '기기'가 인터넷에 접속하는 기술을 가리킨다. 용어에 '인터넷'이 들어 있어서 혼동할 여지가 있는데 사물인터넷은 기존의 인터넷에 사물을 연결시키는 것이다. 무선인터넷을 사용하는 로봇청소기나 스마트폰의 앱과 연동된 스마트밴드는 사물인터넷 기술이 적용된 제품이다.

사물인터넷 기기에는 온도, 속도와 같은 물리량을 포함한 다양한 정보를 측정하는 센서와 인터넷에 연결하는 통신 기능이 내장되어 있다. 가장 기본적 형태는 기기의 센서에서 출력한 데이터를 인터넷을 통해 전송하는 것이다. 여기에 외부에서 전달받은 데이터를 바탕으로 로봇 팔의 움직임과 같은 특정한 행동을 할 수 있도록 만들어지는 것도 있으며 사물인터넷 기기끼리 데이터를 교환하기도 한다. 핵심은 사람이 개입하지 않고도 인터넷에 접속하면 기기들 사이의 통신을 통해 정보를 처리하고 최종 데이터를 사람들이 활용할 수 있게 제공하는 것이다.

이론적으로는 사람이 아니라 인공지능이나 자동화 시스템으로 바로 연결해 활용할 수 있다. 강의 수위를 측정하는 장치에 사물인터넷 기능을 적용하면 강의 실시간 수위 데이터를 24시간 측정하고 기록할 수 있다. 이 데이터를 다시 수문을 통제하는 시스템과 통합한다면 인간이 개입하지 않고도 댐의 수문을 관리할 수 있다.

미국의 폐기물 관리기업 빅벨리 솔라Bigbelly Solar가 만든 공공장소용 쓰레기통 빅벨리Bigbelly에는 쓰레기의 양을 감지해서 서버로 보내는 사물인터넷 기능이 탑재되어 있다. 여기에 필요한 전력은 12V 배터리를 이용하고 배터리는 태양에너지로 충전한다. 빅벨리로 관리 구역 내 쓰레기통의 상황을 파악해서 쓰레기 수거차량을 배차한다. 이전까지는 정해진 시간에 쓰레기 수거차가 순회하면서 쓰레기를 수거했는데 쓰레기가 이미 용량을 초과해서 넘치는 경우도 있었고 불필요하게 수거차량이 다니는 상황도 종종 있었다. 빅벨리를 도입한 이후 수거차량의 운행 빈도를 줄이고도 재활용품의 수거량은 늘어났다.

사실 사물인터넷이 먼저 확산된 곳은 산업현장이다. 수많은 장소와 장비에 사물인터넷 기능이 부가되면서 효율이 비약적으로 향상된다. 지멘스 철도차량사업부는 전 세계 50곳 이상의 철도와 운송 프로그램의 유지보수를 맡고 있다. 30만 개 이상의 사물인터넷 기기가 현장 곳곳에 부착되어 실시간으로 데이터를 보낸다. 열차의 엔진과 변속기, 선로, 역사에 설치된 마이크를 통해서 개별 차량의 상태, 고장, 유지보수 필요 부분 등을 파악한다.

빅벨리는 2004년 미국 콜로라도에 처음 설치된 이후 미국과 유럽의 주요 도시에도 설치되었다.

날씨를 비롯해 사물인터넷 기기가 수집한 데이터를 다른 정보와 결합하면 열차의 운행과 유지보수 일정을 조정할 수 있다. 심지어 온도나 진동 패턴을 분석해 향후의 고장을 예측하는 것도 가능하다.[16] 운송 설비의 유지보수를 맡고 있는 기업에게 고장을 미리 파악할 수 있다는 건 엄청난 이점이다. 고장으로 인해 사고가 일어났을 때 보상비용이나 책임 부담을 덜 수도 있지만 무엇보다 사람이 다치거나 죽는 일을 막을 수 있다.

산업현장에서의 사물인터넷을 적용하려면 엄청난 수의 센서를 설치해야 한다. 또한 인터넷에 접속하기 위한 IP 주소가 필요하다. 산업현장과 도시에는 인구보다 사물이 훨씬 많고 사물에 장착된 센서는 사람과 달리 쉬지 않고 데이터를 만들어낸다. 결과적으로 사물인터넷에 의한 데이터 생성량은 엄청나게 늘어날 수밖에 없다. 게다가 데이터의 양이 늘어나는 속도는 점점 빨라지고 있다.

2012년에 87억 개였던 전 세계 사물인터넷 기기의 수는 2025년 500억 개에 이를 것으로 예상되고 이 기기들이 만들어 내는 데이터의 양도 급증해서 2025년에는 79.4제타바이트[ZB]에 달할 것이라고 인터넷데이터센터[IDC]는 예상하고 있다. 제타[zetta]는 10^{21}을 의미하는 접두어로 100만의 100만 배의 100만 배의 1000배를 의미한다. 1제타바이트는 1기가바이트[GB]의 100만 배의 100만 배인 1경 배다. 대량의 메모리가 흔해진 컴퓨터와 정보통신 분야에서도 어지간해서는 등장할 일이 없던 단위를 사

국제단위계에서는 크거나 작은 값을 표시할 때 1000배와 1/1000배 간격으로 접두어를 붙여서 사용한다. 요타yotta가 나올 날도 머지않았다.

Prefix	Symbol	10^n	Decimal	Short scale	Since
yotta	Y	10^{24}	1,000,000,000,000,000,000,000,000	Septillion	1991
zetta	Z	10^{21}	1,000,000,000,000,000,000,000	Sextillion	1991
exa	E	10^{18}	1,000,000,000,000,000,000	Quintillion	1975
peta	P	10^{15}	1,000,000,000,000,000	Quadrillion	1975
tera	T	10^{12}	1,000,000,000,000	Trillion	1960
giga	G	10^{9}	1,000,000,000	Billion	1960
mega	M	10^{6}	1,000,000	Million	1960
kilo	k	10^{3}	1,000	Thousand	1795
hecto	h	10^{2}	100	Hundred	1795
deca	da	10^{1}	10	Ten	1795
		10^{0}	1	One	
deci	d	10^{-1}	0.1	Tenth	1795
centi	c	10^{-2}	0.01	Hundredth	1795
milli	m	10^{-3}	0.001	Thousandth	1795
micro	µ	10^{-6}	0.000 001	Millionth	1960
nano	n	10^{-9}	0.000 000 001	Billionth	1960
pico	p	10^{-12}	0.000 000 000 001	Trillionth	1960
femto	f	10^{-15}	0.000 000 000 000 001	Quadrillionth	1964
atto	a	10^{-18}	0.000 000 000 000 000 001	Quintillionth	1964
zepto	z	10^{-21}	0.000 000 000 000 000 000 001	Sextillionth	1991
yocto	y	10^{-24}	0.000 000 000 000 000 000 000 001	Septillionth	1991

물인터넷이 불러내고 있다. 이미 데이터가 폭증했다고 여겼던 2013년의 데이터 생성량이 0.1제타바이트였다. 단 12년 만에 800배 가까이 늘어났고 현재 빅데이터라고 불리는 규모도 불과 5년 만에 그저 평범한 양의 데이터가 될 것이다.

앞으로 사물인터넷의 사용은 지금과 비교할 수 없을 정도로 늘어날 것이다. 사물인터넷이 만들어낼 빅데이터와 함께 인공지능의 역할은 더욱 중요해진다. 사물인터넷과 인공지능이 만들어내는 상승효과는 다시 사물인터넷에 의한 데이터 생산의 증가로 이어질 것이다. 그럴 만큼 오늘날의 삶이 바뀌고 있기 때문이다.

사물인터넷의 적용 대상을 도시 단위로 넓히면 그 효율성

대기오염 전광판은 곳곳에 설치된 대기질 측정 센서의 데이터를 이용해서 대기오염 현황을 실시간으로 알려준다. 미세먼지 문제가 심각해진 오늘날 대기질 센서에 사물인터넷 기능을 결합하는 기술을 이용하면 스마트시티에서 통합적으로 대기질을 관리하는 시스템을 구축할 수 있다.

은 엄청나게 증가한다. 도시 곳곳에 설치된 센서로 수많은 정보를 실시간으로 수집하고 활용한다면 사람들에게 제공할 수 있는 혜택은 다양하다. 사실 지금 도로마다 설치된 CCTV는 대부분 전혀 '스마트'하지도 않고 사물인터넷 기능이 부가되지 않은 것이다. 그런데도 교통상황을 알려주는 데서 그치지 않고 치안 수준까지 획기적으로 높여준다. 또한 범죄사건의 수사에도 기여하는 바가 크고 코로나19 같은 전염병의 확산 경로를 밝히는 데도 사용된다.

온라인 쇼핑과 사물인터넷이 피할 수 없는 추세가 되었듯이 스마트시티도 모든 도시가 차세대 모델로 지목한 목표가 되고 있다. 이미 세계 각국의 도시가 스마트시티를 구축하기 위해서 노력 중이며 그 일환으로 스마트시티에 대한 포부를 정의에 담아 제시한다.

한국에서는 스마트시티를 "도시의 경쟁력과 삶의 질의 향상을 위해 건설, 정보통신기술 등을 융복합해 건설된 도시기반시설을 바탕으로 다양한 도시 서비스를 제공하는 지속가능한 도시"로 정의한다. 싱가포르가 생각하는 스마트시티는 "모두에게 흥미로운 기회를 제공하는 기술을 바탕으로 사람들이 좀 더 의미 있고 성취한 삶을 살 수 있는 곳"이다. 유럽연합이 정의한 스마트시티는 "전통적 네트워크와 서비스가 디지털 통신 기술의 사용을 통해서 더욱 효율적이 되어 주민과 기업에게 혜택을 주는 곳"이다.

스마트시티는 곳곳에 사물인터넷이 적용된 도시로 기반시설이
인간의 신경망처럼 구석구석까지 연결되어 있다.

조금씩 표현은 다르지만 공통으로 제시하는 스마트시티 모델은 '곳곳에 사물인터넷이 적용된 도시'다. 도시의 규모는 열차 차량이나 철로와는 차원을 달리한다. 원하는 곳에 모두 사물인터넷 센서를 설치한다면 사용되는 센서의 수는 수십 수백 배가 아니라 수천 배 이상 계속 늘어날 것이다. 데이터를 쏟아내는 도시는 학습에 목마른 인공지능에게는 최고의 학교이자 일터가 될 것이다. 누구나 알게 모르게 센서로 둘러싸인 세계에서 수많은 데이터를 제공하며 값을 지불한다. 애써 지불한 가치에 상응하는 혜택의 수혜를 받으려면 방관자로 변화 앞에 서서는 곤란하다고 여겨진다.

현실 세계와 온라인의 경계를 허문 디지털 쌍둥이

어떤 대상을 파악하고자 할 때는 이를 좀 더 이해하고 다루기 쉬운 적절한 대체품인 모형model으로 바꾸어 바라보는 것이 편리한 경우가 많다. 아파트 모델하우스는 아직 지어지지 않은 아파트의 모습을 미리 '거의 비슷하게' 보여준다. 모델하우스를 방문하면 단지 전체의 모습을 축소 모형으로 만들어 전시하고 실내 공간을 실제처럼 재현해놓는다. 방문객은 아파트가 지어지기 한참 전에 자신이 거주하게 될 집이 어떤 모습인지 알 수 있다.

모형이라고 하면 피규어나 축소한 건축물 모형을 떠올리기 쉽지만 모델하우스에 있는 실물 크기의 실내 공간도 모형이다. 컴퓨터를 이용해서 자동차를 설계하는 기술이 나오기 전에는 자동차의 외관을 디자인할 때 실물 크기의 모형으로 정교하게 만들어서 사용했다.

모형이 반드시 형태가 있어야 하는 건 아니다. 실제로 여러 분야에서 모형으로 많이 사용되는 도구는 단연 수학이다. 파악하고 싶은 대상을 수식으로 표현할 수 있다면 수학은 매우 우수한 도구가 된다. 물리학이 자연을 수학적으로 표현하는 것처럼 사회도 수학으로 모형화된다. 은행에서 제시하는 이자율은 맡길 돈의 미래 가치를 표현하는 훌륭한 수학적 모형이다. 경제

학은 경제라고 불리는 "모든 경제 주체들의 의중(군중심리)의 방향"을 수학으로 표현하려는 시도를 멈추지 않는다. 수요와 공급, 이자율과 통화량을 경제 성장률이나 경상수지, 물가 상승률에 연결하는 과정에도 수학이 필요하다.

수식이 가장 직접적이고 실제에 가까운 모형으로 사용되는 분야는 엔지니어링이다. 다리를 건설할 때나 거대한 선박이나 항공기를 설계하는 과정에서는 실물의 특성을 그대로 반영하는 축소 모형을 만드는 것이 불가능하다. 대신 훨씬 정확하고 정교한 수학적 모형이 사용된다.

모형의 가치는 얼마나 실물에 가까운가에 있다. 내비게이션의 지도는 실제 지형을 일정한 비율로 축소해서 표현한 것인데 사람들은 그 지도를 보고 실제 경로를 찾아갈 수 있다. 만약 지도가 잘못되어 있다면, 모형이 실제와 다르다면 지도의 가치는 크게 줄어든다.

하지만 대상의 움직임이 복잡할수록 모형을 만들기가 어려워지고 분석이 실제와 다르기 쉽다. 일기예보가 잘 안 맞는 것은 이유가 있다. 육지, 바다의 분포에 따라 온도, 습도, 구름, 공기의 흐름을 수학으로 실제와 근접하게 표현하는 일은 매우 어렵다. 기상학자 에드워드 로렌츠Edward N. Lorenz는 날씨를 예측하는 모형을 찾기 위해 압력과 온도의 관계를 나타내는 살츠만 방정식에 매달렸다. 하지만 그가 발견한 것은 아주 작은 변수의 차이가 큰 차이를 만든다는 것이었다. 이를 초기 조건의 민감성이라고 하

실리콘밸리에 있는 엔비디아 사옥은 삼각형을 모티브로 디자인한 건물이다. 이 건물은 설계 단계부터 3D 모델링을 활용하는 가상현실을 도입했다. 고객들은 가상현실로 구현한 건물 안으로 직접 들어가 시뮬레이션으로 실제와 거의 유사한 건물의 모습을 경험할 수 있다.

는데 '북경에 있는 나비의 날갯짓이 뉴욕에 태풍을 일으킬 수 있다'는 이론이다. 날씨는 초기 조건의 사소한 차이에도 매우 민감하게 반응하는 카오스 시스템이라 예측하기가 매우 어렵다.

건축물이나 기계 등을 만들 때 3D 컴퓨터 설계 기술을 이용하면 대상물에 가해지는 다양한 환경의 변화가 대상물에게 어떤 영향을 미치는지 컴퓨터로 시뮬레이션하는 것이 가능하다. 컴퓨터 시뮬레이션에 사용되는 설계도는 대상물의 구조 모형이다. 이 기술을 사용하기 전에는 2D나 3D로 그려진 설계도만으로 완성된 건물의 모습을 이해하기 어려웠다. 3D 설계 기술과 가상현실이 접목되자 디자이너는 건물이 완성되기 전에 가상현실로 구현한 건물 안으로 고객을 초대할 수 있게 되었다.

다리를 설계하는 경우라면 차량 통행량에 따라 무게와 바람, 강물의 속도와 유량, 강우량 등 외부에서 가해지는 힘에 의한 다리의 미세한 변형 등을 설계 단계에서 알아볼 수 있다. 다리가 완성된 후에도 이 설계 기술을 활용한다. 다리 곳곳에 센서를 부착하면 가해지는 다양한 힘과 기온, 습도, 수위, 유량 등의 물리량과 접합부의 틈새 간격, 소리와 같은 상태를 측정해 실시간으로 데이터를 받을 수 있다. 이 데이터를 컴퓨터의 3D 모형에 적용하면 현재 상태가 앞으로 어떤 변화를 일으킬지 시뮬레이션할 수 있다.

이처럼 실제 대상물의 물리적 정보를 실시간으로 전송해 가상현실이나 프로그램에 디지털로 구현한 3D 모형에 적용하는 기법을 디지털 쌍둥이digital twin라고 부른다. 디지털 쌍둥이의 대상에는 제한이 없다. 기계 부품이나 항공기 엔진 같은 복잡한 기계일 수도 있고 항공기 자체도 가능하다. 생명체나 자연, 심지어 지구도 디지털 쌍둥이의 대상이 될 수 있다.

디지털 쌍둥이 도시
버추얼 싱가포르

문제는 디지털 모형을 만들 수 있느냐다. 주변 환경의 변화에 따른 대상의 움직임을 충분히 반영할 수 있을 정도로 대상물을 정교하게 디지털로 표현할 수 있다면 무엇이든 디지털 쌍둥이를 만들 수 있다.

지구의 디지털 쌍둥이를 만들려는 시도도 있었다. 디르크 헬빙Dirk Helbing은 지구의 경제, 정부, 문화, 전염병, 농업, 기술 등의 수학적 모형을 만들고 데이터를 쏟아부어 시뮬레이션하는 '리빙 어스 시뮬레이터Living Earth Simulator' 프로젝트를 구상했다. 하지만 10억 유로에 달하는 예산 확보에 실패하면서 중단되었다.

디지털 쌍둥이를 가장 효과적으로 활용할 수 있는 분야는 제조업이다. 디지털 쌍둥이를 이용하면 제조 과정에서 불량률을 낮출 수 있고 실시간으로 실물의 동작 상황은 물론 오작동이 일어났을 때의 원인까지 분석할 수 있다.

제너럴일렉트릭GE이 제조한 엔진을 장착하고 런던과 파리 사이를 운항하는 항공기는 엔진에 부착된 센서에서 수집한 정보를 실시간으로 데이터센터로 전송한다. 데이터를 디지털 쌍둥이에 적용해서 엔진의 상태를 실시간으로 파악한다. 만약 엔진에 잠재적 문제가 발생하더라도 비행 중 이 사실을 알 수 있으므로 목적지에서는 미리 필요한 부품을 준비해 신속하게 정비

디지털 쌍둥이는 제품의 생산 과정부터
사용 주기가 끝날 때까지 적용할 수 있다.

가 가능하다.

폭스바겐은 생산하는 모든 차량의 3D 설계도를 활용해서 디지털 쌍둥이(폭스바겐에서는 "가상 쌍둥이virtual twin"로 부른다)를 구현한다. 특정 차량 모델의 디지털 쌍둥이는 조립 단계에서뿐 아니라 차량의 수명이 다하는 시점까지 활용된다. 또한 디지털 쌍둥이 기술을 가상현실 기술과 결합해 미래의 자동차를 개발하고 있다. 이렇게 하면 단지 구조나 외관뿐 아니라 사용성을 포함한 실물 자동차의 모든 면을 설계 단계에서부터 확인할 수 있다.

가장 대규모이면서 야심찬 디지털 쌍둥이는 싱가포르가 선보인 '버추얼 싱가포르Virtual Singapore'다. 싱가포르는 도시(싱가포르

싱가포르는 도시 전체를 3D 모델로 구현하고 가상공간에 디지털 쌍둥이 '버추얼 싱가포르'를 만들었다.

입장에서는 나라) 전체를 3D 모형으로 가상공간에 그대로 옮겨놓았다. 버추얼 싱가포르를 기반으로 다른 시스템과 결합하면 다양한 응용도 가능할 것이다. 도시 곳곳에 설치된 수많은 사물인터넷이 도시의 각종 정보를 전송하고 이를 바탕으로 컴퓨터에서 싱가포르의 상태를 실시간으로 확인할 수 있다. 버추얼 싱가포르 모형은 재난이 발생했을 때 설비나 시설, 건축물에 미치는 영향을 비롯해 사람들의 대피 상황을 미리 파악하는 데도 사용할 수 있다.

대상의 복잡도와 관계없이 디지털 쌍둥이 기술을 구현하려면 여러 가지 기술이 필요하다. 우선 대상을 정확하고 정교하게 표현하는 디지털 모형이 있어야 한다. 필요한 정보를 얻을 수 있는 사물인터넷 기술과 사물인터넷이 접속할 수 있는 무선인터넷 통신망도 필요하다. 사물인터넷의 특성상 지속적으로 수집되는 다량의 정보를 효과적으로 처리하는 인공지능 기술도 어우러져야 한다. 5G 기술은 데이터의 전송 속도를 비약적으로 높이므로 디지털 쌍둥이가 실제 대상물에 더 가깝게 만들어지는데 유용한 도구다.

도시가 스마트시티로 변모해가는 과정에서 디지털 쌍둥이는 반드시 만나게 되는 존재다. 싱가포르처럼 대규모가 아니라 하더라도 스마트시티를 추구하는 곳에서는 작은 규모로 디지털 쌍둥이 개념이 적용되고 있다. 도시 곳곳에 CCTV를 설치하고 여기서 전송되는 화면을 통해 도시의 교통량을 파악하는 것은 개념적으로 보면 디지털 쌍둥이의 원시적 형태다. 기술의 진화와 함께 이런 체계도 디지털 쌍둥이 도시에 포함되는 길을 걸을 가능성이 높다.

수많은 도시가 필연적으로 스마트시티를 추구하는 과정에서 수천만의 인구를 가진 대도시도 점차 정교한 디지털 쌍둥이를 구축하게 될 것이다. 디지털 쌍둥이 도시의 정교함 정도가 곧 그 도시가 스마트시티에 얼마나 다가갔는지 보여주는 지표가 될 날이 그리 머지않았다.

우리 곁으로 온 4차 산업혁명

인류의 역사를 기술적 혁명 기준으로 구분하는 방법은 낯설지 않다. 0차 산업혁명은 농경의 시작(농업혁명)이다. 연료를 사용하는 동력기관이 발명되고 공장에서 대량생산이 시작된 것이 1차 산업혁명(동력혁명)이다. 20세기 초 내연기관과 전기를 사용하게 된 것을 2차 산업혁명(전기혁명)이라고 하며 20세기 후반 컴퓨터와 인터넷이 보급되면서 정보통신을 중심으로 사회가 재편된 것을 3차 산업혁명(컴퓨터혁명)이라고 부른다. 그리고 빅데이터에 기반한 인공지능을 중심으로 변화가 꿈틀대는 21세기 초, 지금 우리가 살고 있는 시대를 4차 산업혁명이라고 한다.

인공지능에 초점을 맞춘 시각과는 별도로 최근에는 4차 산업혁명을 다른 관점으로 접근하기도 한다. 사물인터넷 기술을 활용해서 '기계와 기계가' 정보를 주고받아 인간의 개입 없이 운용되는 생산 체계라고 할 수 있다. 정말로 사물인터넷 기술이 4차 산업혁명을 주도할 수 있을까? 과거 모든 산업혁명이 그랬듯 혁명적 변화를 불러온 핵심적 기술이 존재해야 하는 것은 분명하지만 그런 기술이 광범위하게 보급되고 받아들여질 수 있는 다양한 여건들이 동시에 충족되어야 한다.

다양한 물리적 데이터의 수집을 가능하게 만드는 사물인터넷과 방대한 데이터를 분석하는 인공지능, 상황을 파악하고 명령을 내릴 수 있도록 해주는 스마트폰과 태블릿 등의 단말기 기술, 어디에서나 접속 가능한 플랫폼을 제공하는 클라우드 그리고 이런 모든 요소를 연결해주는 인터넷이 어우러져야 4차 산업혁명이 일어날 수 있다.

4차 산업혁명에는 이전의 산업혁명들과 확연하게 구분되는 특징이 있다. 혁명의 사전적 의미는 '이전의 관습이나 제도, 방식 따위를 단번에 깨뜨리고 질적으로 새로운 것을 급격하게 세우는 일'이다. 0차에서 3차까지의 농업혁명, 동력혁명, 전기혁명, 컴퓨터혁명은 모두 이 의미에서 크게 벗어나지 않았다. 그러나 4차 산업혁명은 3차 산업혁명이 만들어놓은 세계의 질서와 제도를 토대로 발전하는 방식의 변화가 될 것이다.

농업혁명이 시작되면서 상당 기간 수렵-채집 경제체제도 나란히 지속되었다. 하지만 농경사회를 중심으로 잉여생산물과 사유재산, 권력과 계급 등 새로운 사회 구조가 나타나자 수렵-채집 중심의 경제체제는 변두리로 내몰렸다. 동력혁명은 뛰어난 장인들의 솜씨를 낡은 수법으로 치환하며 수천 년간 이어져온 수공업의 설자리를 잃게 만들었다. 전기혁명은 효율이 높은 화석연료 석탄을 전기 만드는 산업이 독식하면서 산업 전반을 바꿔놓았고 기존의 목재 등 화석에너지가 아닌 연료의 경쟁력을 뿌리째 뽑아버렸다. 컴퓨터혁명은 산업현장을 비롯한 거의 모든 분야에서 컴퓨터가 놓인 책상이 주요 자리를 차지하게 만들었다. 한마디로 이때까지의 산업혁명은 과거의 생산방식을 폐기하고 새로운 방식으로 바꾸도록 한 것이다.

4차 산업혁명은 가상공간과 현실 세계를 하나의 무대로 만들어 산업, 경제, 교육, 생활 전반에 변화를 일으킨다. 컴퓨터끼리 데이터를 주고받으며 궁극적으로 인간의 개입이 필요 없는 상태로 바뀌는 데 가장 필요한 것은 사물인터넷과 인공지능이다. 사물인터넷이 부가된 기계는 스마트 머신으로 변신하고 데이터가 더 공급될수록 효율적으로 동작한다. 5G 네트워크의 도입으로 통신 속도가 더 빨라지고 사물인터넷 센서의 성능이 좋아지면 기계와 공장은 더욱 효과적으로 움직이고 더 높은 생산성을 갖게 된다.

이 과정에서 4차 산업혁명 이전에 쓰이던 기계는 약간의 개량을 거쳐 계속 가동할 수 있으며 3차 산업혁명으로 구축된 통신망 회선도 여전히 유효하다. 이렇게 3차 산업혁명으로 이루어놓은 환경과 요소들에 새로운 기능과 연결성을 부여함으로써 '혁명적'이면서 동시에 점진적 변화를 이끌어내는 점이 4차 산업혁명을 여타의 산업혁명과 구분하는 특징이라고 할 수 있다.

산업현장에서 변화가 시작된다는 점에서 4차 산업혁명도 이전의 산업혁명과 마찬가지다. 그러나 모든 산업혁명은 산업현장에서의 변화만으로 멈추지 않았다. 마찬가지로 4차 산업혁명도 첨단 공장을 벗어나 외부 세계로 번져가고 있으며 그 영향은 점점 피부에 와 닿게 마련이다.

사물인터넷과 인공지능이 적용된 인공지능 스피커와 로봇

4차 산업혁명이 바꿔놓은 세상에서도 대다수의 사무직 노동자들이 일하는 환경이나 작업 도구는 크게 바뀌지 않을 것이다.

청소기는 그저 약간의 새로운 기능이 추가된 것에 불과한 스피커와 청소기처럼 보일지 모른다. 그러나 그 속에 담긴 기술은 기척 없이 모두의 곁에 스며들어 점점 세계를 스마트시티와 그 이후 세계로 빠르게 몰아가고 있다.

CHAPTER 5

스마트시티로 가는 길

더 나은 도시를 꿈꾸다

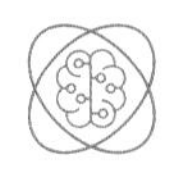

모든 것이 질서 정연합니까?

"모든 것이 질서 정연합니까Alles in Ordnung?"라는 인사는 독일에서 아주 빈번히 사용하는 표현이다. 한국어로는 "별일 없나요?", "잘 지내십니까?"라고 묻고 영어로는 "Everything's OK?"라며 안부나 근황을 묻는다. 한국어와 영어가 상황 파악을 위한 질문이라면 독일식 표현은 질서가 잘 잡혀 있는지 그래서 다음 상황에 효과적으로 대처할 수 있는지에 더 초점이 맞춰진다. 독일 사람들에게는 만사가 질서 정연하게 정리되어 있어야 편안하고 좋은 상태인 것이다.

정돈된 환경과 그렇지 못한 환경은 큰 차이를 불러온다. 사무실이나 집에 있는 물건들이 제자리를 찾지 못하고 쌓여 있거나 처박혀 있으면 보기에도 안 좋지만 일하고 생활하는 데도 불편함을 준다. 멀쩡한 물건들도 먼지를 뒤집어쓴 채 손이 닿지 않는 곳이나 다른 물건들과 무작위로 섞여 있으면 사실상 쓰레기나 다름없다. 집이나 사무실에 있는 물건들을 정리하거나 위치를 바꾸는 것만으로도 효과적으로 사용할 수 있을 뿐 아니라 더 넓은 공간을 확보해 삶의 가치를 높일 수 있다. 실제로 정리와 수납만으로 기분 전환은 물론 리모델링에 버금가는 효과를 거두기도 한다.

난장판인 집과 정리정돈이 잘된 집의 차이는 구성 요소들의 질서(연결성)에 있다. 정돈된 상태는 편리함과 효율성, 가치를 높여준다. 인구 수십 명의 마을이든 수백만 혹은 수천만에 이르는 대도시든 공간의 경쟁력과 효율, 궁극적으로 그 도시가 갖는 가치는 자연환경을 포함해서 도시의 인적, 물적 자원의 총량이 아니라 환경과 자원이 얼마나 의미 있게 효과적으로 '정돈'되어 있는지에 달려 있다. 모든 것이 제자리에 있을 때와 그저 한곳에 쌓여 있을 때를 비교해보면 효용은 하늘과 땅 차이다. 도시의 모든 자원이 잘 정돈된 상태로 분류되고 이동할 수 있게 만드는 것이 바로 네트워크다.

정돈된 상태가 되기 위해서 꼭 모든 구성 요소가 특정한 위치에 있어야 하는 건 아니다. 필요한 요소와 정보가 어디에 있는지 알고 손쉽게 찾을 수 있으면 된다. 수많은 책을 분류하지 않고 쌓아두면 재활용을 기다리는 종이 더미에 불과하지만 체계적으로 분류해서 도서관에 보관하면 지적 자산이 된다. 그리고 체계적으로 정리된 도서관의 장서보다 모든 정보가 디지털화되어 네트워크로 연결되어 있는 것이 훨씬 효용성이 크다.

정보가 네트워크로 연결되면 개별 정보의 저장 위치는 사실 중요하지 않다. 필요한 정보가 자신의 컴퓨터에 들어 있든 국립중앙도서관 혹은 미국 의회도서관에 보관되어 있든 상관없이 내가 접근만 할 수 있다면 모두 효용 가치가 있는 자료다. 인터넷과 디지털화의 강점은 바로 '질서'의 개념을 물리적인 것에서 개념적인 것으로 바꾼 데 있다.

정보를 다루는 기술은 정보들 사이의 질서를 더욱 체계적으로 잡아가는 방향으로 진행된다. 최초의 정보는 입에서 입으로 전해졌고, 그중 후대에 전하는 게 중요한 정보들은 동굴 벽 깊숙한 곳에 그림으로 남았다. 정보량이 늘어나면서 문자를 쓰기 시작했고, 석판에 기록하던 문자는 종이에 기록되면서 책이 되었다. 정보를 모으기 쉬워진 것이다. 인쇄 기술이 탄생하면서 책을 대량으로 찍어낼 수 있게 되었고, 필경사들이 베껴 쓰는 과정에서 실수로 잘못된 정보를 전달하는 일은 거의 사라졌다. 도서관은 책을 모아둠으로써 다양한 정보에 더욱 손쉽게 접근하는 길을 열어주었다.

디지털로 정보를 저장하는 기술과 인터넷은 도서관에 갈 필요가 없게 만들었을 뿐 아니라 도서관에 없는 전혀 다른 종류의 정보도 활용할 수 있게 해준다. 구글이 거대한 기업으로 발돋움한 것은 경쟁자보다 뛰어난 검색 기능을 제공한 데서 비롯된

세계에서 가장 오래된 도서관 중 하나인 프랑스 국립도서관.
도서관의 경쟁력은 장서의 규모와 활용의 용이성이다

다. 구글이 직접 정보를 정리한 것은 아니지만 누구에게나 정보가 정리된 것과 같은 상태를 제공함으로써 사람들을 사로잡았다. 인터넷을 둘러싸고 벌어지는 경쟁은 조금 과격하게 표현한다면 정보 정리의 경쟁이라고 할 수 있다.

모두 도시로!

이런 질서가 극대화되어 나타나는 형태가 도시다. 도시의 정의는 국가에 따라 조금씩 다르다. 한국은 주거·상업·공업·녹지 등 토지의 용도에 따라 도시 지역을 규정한다. 한국과 달리 인구를 바탕으로 도시를 정의하는 국가가 여럿인데 편차가 크다. 덴마크는 주민이 200명 이상, 일본은 주민이 5만 명이 넘는 행정단위를 도시로 본다.

모든 것이 모여 촘촘하게 연결되어 있는 도시는 도로와 철로처럼 물자와 사람을 연결하는 물리적 네트워크와 정보를 연결하는 통신망이 복합적으로 그물망을 형성한다. 그물망을 구성하는 점과 연결선의 확장성을 살펴보면 점이 늘어나는 수보다 연결선이 늘어나는 수가 많아진다. 수십 개의 점으로 구성된 네트워크가 다른 네트워크와 연결되면 폭발적으로 연결선이 늘어난다. 이와 같은 방식으로 개별 네트워크를 갖고 있는 도시와 도시가 연결되면 이 네트워크는 더 커지고 복잡해지면서도 질서를 유지한다.

인류 역사에서 도시가 출현한 지는 수천 년이 되었지만 도시가 본격적으로 팽창하기 시작한 것은 산업혁명 이후다. 산업혁명 이전에는 세계 어느 곳에서나 기본적으로 농업에 많은 인구가 투입되어야 했으므로 상업에 특화된 몇몇 곳을 제외한다면 도시가 농촌인구를 흡수할 동기 자체가 희박했다. 도시인구가 급속히 늘어나기 시작한 것은 1800년대에 들어서면서부터다. 세계의 도시인구 비율은 수십만 년 동안 10퍼센트를 넘지 못하다가 1900년이 되어서야 10퍼센트를 넘었다. 1900년 미국에서 도시에 거주하는 인구는 40퍼센트였으나 2000년에는 80퍼

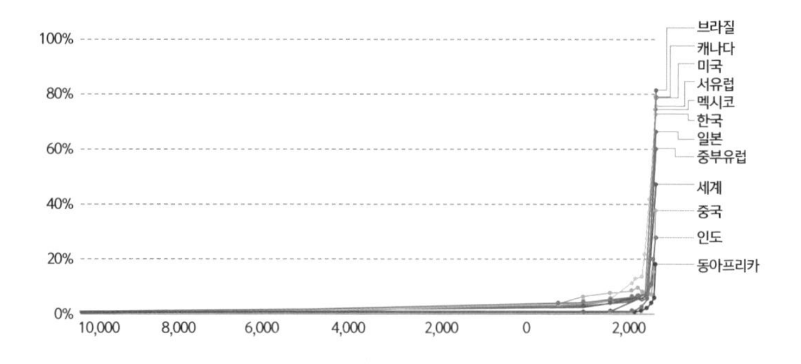

도시 인구의 증가는 1800년대 이후 산업화에 따라
갑자기, 급속도로, 광범위하게 일어난 현상이다.

센트까지 치솟았고 한국은 2019년에 91퍼센트를 넘었다. 오늘날 도시화는 선진국만의 현상이 아니라 전 세계에서 공통적으로 나타난다.

전 세계의 도시인구 비율이 50퍼센트를 넘은 것은 2007년이다. 현재 세계 인구 중 40억 명이 도시에 거주하고 있다. UN이 2018년에 발표한 자료에 따르면 이미 전 세계적으로 55퍼센트의 인구가 도시 지역에 살고 있으며 2050년이면 세계 인구의 68퍼센트가 도시에 거주하게 될 것이라고 한다. 적어도 수천 년간 10퍼센트를 한참 밑돌던 도시인구가 불과 150여년 만에 70퍼센트까지 치솟은 것이다.

도시의 인구는 얼마나 빠른 속도로 늘어나고 있는 것일까? UN이 예상하는 2050년의 98억 명을 기준으로 보면 앞으로 30년간 매년 도시인구가 8000만 명 가까이 늘어나고, 매달 인구 600만이 넘는 도시가 하나씩 생기는 셈이다.

뭉쳐야 산다

생명체가 자연에 적응하면서 효율을 높이는 방법은 다른 개체와 네트워크를 구성하는 것이다. 인간을 비롯한 많은 동물들이 크고 작은 집단을 이루어 사는 것은 네트워크를 통해서 개체의 생존 가능성을 높이는 행동이다. 사자 무리가 임무를 나누어 사냥을 하고, 맹수의 사냥 대상이 되는 동물들이 무리 지어 다니는 것 모두 외부 네크워크를 형성해서 전체의 생존력을 높이려는 행동이다.

식물도 군집을 이루어 네트워크를 이룬다. 올리브나 피스타치오 나무는 2년을 주기로 한 번은 열매도 튼실하고 수확량도 많았다가 다음에는 수확할 열매가 거의 없을 정도로 흉작이 든다. 이런 패턴이 반복되는 건 피스타치오 열매가 맺힐 때 꽃눈이 성장하는 것을 억제하기 때문이다. 꽃눈이 성장하지 못하면 이듬해에는 열매를 수확하지 못하고 다시 한 해 동안 축적된 영양분을 토대로 그 다음 해에는 꽃눈의 성장이 왕성해진다.

특이하게도 각기 다른 시기에 심긴 나무들도 어느 시점이 되면 같은 농장의 나무들은 성장주기가 같아진다. 이것은 마치

열과 행을 맞춰 심은 피스타치오 나무들. 피스타치오는 격년으로 수확량이 증가와 감소를 반복하는 특성biennial bearing을 갖고 있는데 이는 나무들 사이에 연결 네트워크가 존재함을 보여준다.

여러 사람이 함께 움직일 때 시간이 지날수록 저절로 발이 맞춰지는 것과 같다. 처음에는 나무들마다 다른 주기로 성장했을지 몰라도 시간이 지나면서 농장의 나무들이 서로 동조하게 된다.[17] 피스타치오 나무들 사이에도 보이지 않는 네트워크가 작동하고 있음을 보여준다.

사람들은 도시로 향한다. 수많은 사람들의 터전이 된 도시는 마치 생명체의 몸을 이루는 네트워크 구조처럼 작동한다. 생명체는 서로 맡은 기능이 다른 다양한 장기로 이루어져 있다. 도시에도 동물의 장기처럼 고유의 기능을 갖는 시설들이 들어서 있다. 에너지를 만들어내는 발전소는 소화기관이고 물자와 정보가 오가는 도로와 통신망은 혈관과 신경계와 같다. 또한 생명체와 마찬가지로 도시도 폐기물과 같은 부산물을 만들어낸다. 생명체가 끊임없는 대사를 통해서 생명을 유지하듯 도시의 네트워크도 끝없이 움직인다. 인간의 몸이 그러하듯 도시도 가급적 적은 에너지로 최대의 효과를 내려는 방식으로 움직이고 끊임없이 이를 개선하고 있다.[18]

어떻게 도시가 스스로를 개선할 수 있을까? 도시는 단순히 사람 하나하나가 노드를 구성하는 것이 아니라 건물을 비롯한 다양한 공간이 함께 연결되어 있고 여러 허브가 존재하는 네트워크라고 생각해야 한다. 노드 자체가 많은 사람들이 연결된 허브 구조를 갖기 때문에 마치 살아 있는 세포로 구성된 동식물이 진화하는 것처럼 적응하고 변한다. 그 변화의 방향은 효율성이며 도시의 노드가 많아지고 덩치가 커질수록 그 효율은 더 높아져야 한다.

크기와 연결이 중요하다

육상 동물의 크기는 매우 다양하다. 포유류의 경우 코끼리는 쥐보다 1만 배가량 무겁다. 코끼리나 쥐나 세포의

코로나19로 인한 도시 봉쇄로 인적이 사라진 뉴욕의 브루클린 브리지. 인적이 끊긴 도시는 세포의 활동이 멈춘 거인의 시체처럼 느껴진다.

크기는 비슷하므로 코끼리는 쥐보다 세포가 1만 배 많다. 그렇다고 코끼리가 쥐보다 1만 배나 더 먹는다는 건 아니다.

사람만 놓고 보면 체중 10킬로그램 내외인 1~2세 유아의 하루 권장 에너지 섭취량은 1000킬로칼로리kcal이고 체중 60킬로그램 이상인 성인 남자는 2400킬로칼로리, 여자는 1900킬로칼로리 정도다. 유아의 체중에 비해 성인 남자의 체중이 6배 이상 무겁지만 섭취해야 하는 열량은 약 2.5배에 불과하다.

1930년대 스위스의 생물학자인 막스 클라이버Max Kleiber는 동물의 기초대사량이 대체로 체중의 0.75제곱에 비례한다는 사실을 발견했다. 체중이 늘어도 기초대사량은 체중이 늘어난 만큼 늘지 않아도 된다는 뜻이다. 이 법칙은 생물의 종류나 크기에 상관없이 미생물부터 코끼리까지 모두 들어맞는다. 규칙적 특성이 생물의 종류에 관계없이 발견된다는 점은 이 특성을 지배하는 자연법칙이 존재한다는 의미를 내포한다. 생명체의 종류에 관계없이 일반적인 물리학 원리의 제약을 받으며 진화한 것이다.

한마디로 '규모의 경제'가 생명체에게도 적용된다는 것이다. 체중이 2배로 늘어도 2배를 먹을 필요가 없다면 체중이 늘어서 유리한 경우에는 늘리는 것이 합리적이다. 그렇다고 생명체의 체중이 무거울수록 무조건 유리하다는 의미가 아니다. 체중이 무거워지면 얻을 수 있는 이득이 커진다는 뜻이다. 기업이나 기관, 사회나 도시가 덩치를 키우는 것도 클라이버의 법칙에 따라 규모의 경제적 혜택을 보기 위함이다.

이 법칙은 도시에도 적용된다. 가정이나 기업이나 고정비는 규모에 비례해서 증가하지 않는다. 동일한 생활수준을 유지한다고 할 때 도시의 인구가 2배로 증가하면 도시의 구성 요소가 전부 2배로 늘어나야 할까? 대체로 주택은 인구가 늘어나는 만큼 필요하다. 하지만 도시에는 공동주택이 많아서 주택을 짓는 데 필요한 토지나 자재가 늘어나는 가구만큼 필요하지는 않다. 도로, 상하수도, 전력망 등의 기간시설도 인구가 증가하는 만큼 바로바로 늘릴 필요가 없다.

복잡계 과학을 연구하는 이론 물리학자 제프리 웨스트Geoffrey B.West는 도시의 주택, 도로, 주유소, 상하수도 배관, 전기 배선 등의 요소들^{y}이 인구^{x}의 0.85제곱에 비례해서($y \propto x^{0.85}$) 증가한다는 것을 밝혀냈다. 생물의 기초대사량이 증가하는 규칙인 클라이버의 법칙이 도시에도 유사하게 적용되는 것이다.

이 규칙에 의하면 10명이 근무하는 사무실에 화장실이 1개 필요했다면 40명이 근무하는 사무실에는 4개가 아니라 3개면 충분하다. 흥미로운 점은 도시의 인구가 2배, 4배, 8배로 늘어도 이 비율이 유지된다는 것이다. 규모가 커질수록 효율성이 높아지면서 이점이 늘어난다.

도시와 농촌이나 교외 같은 비도시 지역을 비교해보자. 비도시 지역의 주민들은 대개 단독주택에 거주하면서 가스나 기름보일러로 난방을 한다. 대중교통이 발달하지 않은 경우 거의 대부분 자동차를 비롯한 개인 교통수단에 의지해야 한다. 높은 인구밀도로 공동주택에 거주하며 대중교통을 이용하는 도시와 비교했을 때 비도시 지역에서 동일한 생활수준을 누리는 경우 1인당 비용도 많이 들고 에너지 효율도 떨어진다.

규모의 경제 원리는 어디서나 발견된다. 기업은 커질수록 규모에 비해 고정비가 절감되고 건물도 커질수록 효율이 높아진다. 그렇다고 규모의 경제 원리에 따라 무한히 몸집을 불릴 수는 없다. 또 다른 물리 법칙이 규모의 확장을 제한한다.

기둥이 지탱하는 무게는 길이와 관계없이 기둥의 단면적에 의해 결정된다. 그런데 1층 건물이 10층이 되면 건물의 부피가 10배가 되고 건물의 무게도 10배 늘어난다. 기둥 하나의 강도가 1층 건물의 무게만 견디는 수준이라면 기둥의 수를 10배 늘려야 한다. 높은 건물을 짓겠다고 건물 내부를 온통 기둥으로 채울 수는 없는데다 현실적으로 계단과 엘리베이터도 더 필요하기 때문에 지을 수 있는 건물의 높이는 한계가 있다. 바벨탑은 애초에 지을 수 없는 건축물이고 보이지 않는 천장이 구조물의 한계를 정해놓고 있는 셈이다.

도시도 마찬가지다. 인구가 100명인 마을에 1차선 도로 100미터가 필요하다고 했을 때 인구가 100만 명인 도시에 1만 킬로미터의 도로를 건설할 수는 없다. 한 도시에 이 정도의 도로를 놓으면 사람들이 살 집이나 건물, 주차장이나 공원이 들어설 자리가 턱없이 부족해진다. 실제로 강원도의 1인당 도로 길이는 서울의 7.5배가 넘는다. 2019년 서울에는 인구 1000명당 0.85킬로미터의 도로가 있으나 인구가 희박한 강원도는 6.45킬로미터에 이른다. 2019년을 기준으로 서울은 전체 면적의 22.94퍼센트에 달하는 상당한 면적을 도로에게 내주고 있다. 지하철과 고가도로가 없었다면 서울은 지금보다 훨씬 작은 규모에서 성장을 멈췄을 것이다. 서울의 규모는 도로망에 내어줄 수 있는 면적에 의해 제한된다.

도시의 규모를 제한하는 건 또 있다. 도시에 사는 사람들은 하나도 빼놓지 않고 쓰레기라는 불가피한 부산물을 만들어낸다. 열역학 2법칙에 따라 에너지 효율은 절대로 100퍼센트가 될 수 없으므로 도시가 커질수록 쓰레기의 양도 함께 증가한다. 그나마 클라이버의 법칙 덕분에(클라이버의 법칙은 0.75제곱에 비례하고 도시는 0.85제곱에 비례하니 약간 차이가 있기는 하다) 쓰레기의 양이 인구가 늘어난 것만큼 늘어나지는 않는 것은 다행이다. 쓰레기 문제에 관해서 도시는 좁은 동물원에 사는 코끼리에 가깝다. 쓰레기를 제때 처리하지 못하면 도시에서 쓰레기가 차지하는 면적은 점점 늘어날 테고 도시의 성장에는 제동이 걸린다.

이 밖에도 여러 가지 요인이 도시의 성장을 가로막고 있어 도시가 누리는 규모의 경제 효과는 생명체가 누리는 수준에 한참 못 미친다. 생명체가 물리 법칙의 한계에 이르기까지 효율을 극대화시키면서 진화했다면 도시는 아직 개선의 여지가 많다는 의미이기도 하다. 그렇다면 보이지 않는 천장에 가로 막혀 바벨

2019년 여름, 이탈리아 로마에서는 쓰레기 수거가 제대로 이루어지지 않아 거리가 쓰레기로 채워져 통행조차 힘든 상태가 되었다. 로마의 쓰레기 처리 문제는 분리수거가 잘 지켜지지 않는 문제로 인해 EU 규정에 따라 2014년 매립장이 폐쇄된 이후 좀처럼 해결의 기미가 보이지 않는다. 도시의 불가피한 부산물인 쓰레기는 도시 확장을 제한하는 요소 중 하나다.

탑이 될 수 없는 도시에서 조금 더 효율을 개선할 수 있는 방법은 없는 것일까?

제프리 웨스트는 도시에서 규모의 경제와 동시에 다른 현상이 일관되게 나타나는 모습을 발견했다. 생물체와 마찬가지로 도시에서도 규모의 경제가 적용되는 요소들은 인구증가율보다 낮은 비율로 증가했다. 그런데 웨스트가 미국의 360개 도시를 비교한 결과, 어떤 요소들은 규모의 경제의 영향을 받는 주택이나 도로 같은 요소들과는 달리 오히려 인구증가율보다 더 높은 비율로 증가하는 것이었다. 게다가 그 비율이 각기 다른 요소들을 측정해도 일정하게 나타났다.[19] 그건 규칙이 있다는 의미다.

이런 특성을 보이는 요소들은 임금, 특허, 교육기관, 전문가, 주유소, 범죄, 식당, 질병, 오염, 혁신, 부 등이었고 증가하는 비율은 모두 인구의 1.15제곱에 비례했다($y \propto x^{1.15}$). 규모의 경제에 따라 이득을 보는 특성들이 인구의 0.85제곱에 비례한다는 것을 떠올리면 매우 흥미로운 결과다. 한쪽은 인구가 2배 늘어날 때마다 15퍼센트의 절감 효과가 있고, 다른 한쪽은 15퍼센트의 증가 효과가 있는 것이다.

인구의 증가보다 더 높은 비율로 증가하는 특성들의 공통점은 좋고 나쁨과는 별개로 사람들의 관계에 의해서 만들어지는 사회경제적인 양이라는 점이다. 임금수준, 부, 혁신, 특허, 식당, 극장의 수처럼 보편적으로 '좋은' 것과 범죄, 질병, 오염 등 '나쁜' 것을 가리지 않고 증가 효과가 나타났다.

결국 도시의 인구가 늘어나면서 더 늘어나는 것과 덜 늘어나는 것 두 가지가 존재하고 물리적 기반시설인지 인간관계가 만들어내는 사회관계망에 의한 산출물인지가 이들을 가르는 기준이 된다.

그러므로 사회관계망에 의해서 얻어지는 결과를 늘리고 싶다면 사회관계망을 더 활성화시킬 방법을 적용하면 된다. 도시

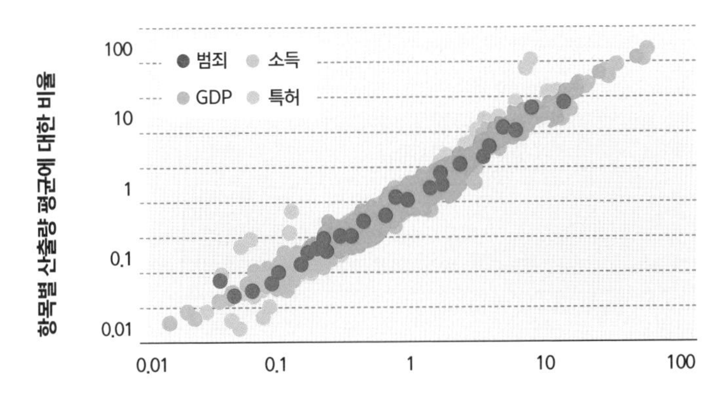

사회관계망이 만들어내는 항목들은 인구증가율보다 1.15배 더 높은 증가율을 보였다. 미국 360개 도시의 인구와 각종 지표 사이에 나타나는 규칙적 관계. 지수에 비례하는 관계에 로그를 취하면 직선 관계가 되므로 파악이 손쉬워진다. y축의 값은 x축의 값보다 1.15배 큰 경향이 보인다.

의 물리적 성장이 한계에 가까워지면 규모의 경제를 통한 성과를 얻기는 힘들어진다.

그러나 사회관계망은 인구나 도시의 물리적 규모를 늘리지 않으면서도 다양한 기술을 통해서 지속적으로 확충시킬 수 있다. 도시의 크기가 더 늘지 않아도 임금, 부, 혁신 등을 더 만들어내는 것이 가능하다는 이야기다. 한마디로 도시의 질을 결정하는 많은 요소들이 인간 사이의 연결에 의해 만들어지므로 스마

경제적 관점에서 보면 건물이 70층 이상 올라가면 안전을 위해 들어가는 비용이나 엘리베이터 설치 공간 등이 늘어나면서 공간 효율이 떨어지므로 수지를 맞추기 어렵다. 하지만 지금도 세계 곳곳에서는 초고층 빌딩이 건설되고 있다. 초고층 빌딩이 감수해야 할 기회비용을 뛰어넘는 또 다른 이점이 있다는 의미다.

트시티로 가려면 이를 더욱 고도화시켜줄 수 있는 방법에 주목해야 한다는 것이다.

옵션 추가하기

도시를 생명체와 비교했을 때 결정적으로 다른 특성이 있다. 생명체는 태생적으로 내부 네트워크의 구조를 임의로 바꿀 수 없다. 생명체의 진화는 우연히 발생한 돌연변이가 긴 시간에 걸쳐 살아남았을 때 이루어진다. 반면에 도시는 네트워크의 구조를 인위적으로 바꿀 수 있다. 기존의 네트워크를 개선하기도 하고 새로 추가할 수도 있다.

도시를 구성하는 네트워크는 크게 물리적 네트워크와 사회관계망으로 이루어져 있다. 물리적 네트워크는 도로, 철도, 전기, 수도, 가스, 통신 등 수많은 시설이 연결된 것이다. 사람들은 이런 물리적 네트워크를 기반으로 사회관계망을 만든다. 도시에서 만들어지는 부가가치는 사회관계망에서 비롯된다.

1930년대의 경성을 배경으로 한 박태준의 『소설가 구보씨의 일일』은 시내를 하릴없이 산책하던 구보씨의 하루 일상을 다룬 작품이다. 구보는 일전에 맞선을 보았던 여인을 전차에서 마주치게 되는데 먼저 아는 척하지 못하면서도 그녀가 자신을 알아보았을까 궁금해한다. 당시 전차는 경성에서 상당

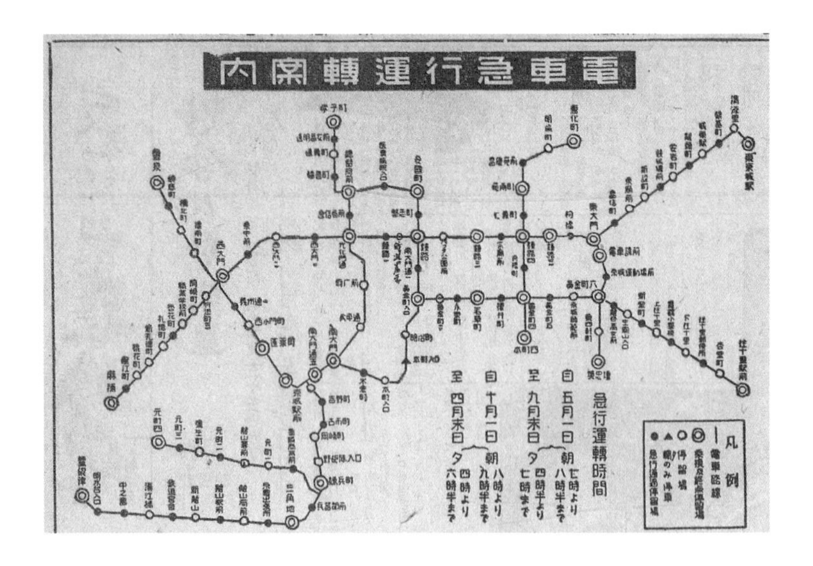

<매일신보>에 실린 경성의 <전차급행운전안내>. 1940년 4월부터 시행된 급행전차는 검은 동그라미로 표시된 역에는 정차하지 않았다. 구보가 탑승했던 전차는 남대문에서 을지로를 거쳐 동대문에 이르는 노선이었다.

히 새롭게 더해진 네트워크였다. 구보가 맞선을 보았던 상대를 우연히 만난 것은 전차라는 새로운 네트워크 덕분이었다고 할 수 있다.

200여 년 전만 해도 도시의 물리적 네트워크는 도로와 수로뿐이었는데 산업혁명 이후 철도가 추가되었고 자동차도로가 새로 났다. 자동차도로망이 늘어나면서 전에 없던 이동의 자유가 생겼다.

이후에 등장한 전화, 방송, 이동통신, 인터넷 등은 기존의 물리적 네트워크와 다른 정보통신 네트워크였다. 정보통신 네트워크가 더해지자 사회관계망은 이전과 다른 모습으로 진화한다. 전화망은 멀리 떨어진 사람들 사이의 의사소통을 혁신적으로 바꾸었고 교환되는 데이터의 양도 폭발적으로 증가했다.

전화를 사용하면서 물리적 거리가 멀어 서로 접촉이 힘들었던 사람 사이에 연결고리가 생긴다. 휴대전화는 어디에서도 사람들과 연결될 수 있는 자유를 주었고 스마트폰은 사람과 사람을 통해 이루어지던 정보교환 방식을 사람과 웹사이트로 확장시켰다.

가장 최근에 추가된 네트워크는 무선 정보통신망이다. 기존에 구축된 유선 통신망을 활용할 수 있는 무선 정보통신망은 새로 추가하기도 용이할뿐더러 데이터의 고속 대량 전송을 통해서 사회관계망의 복잡성과 확장성을 거의 무한대로 늘렸다.

도시의 물리적 네트워크를 통째로 바꿀 수는 없다. 서울의 도로망을 완전히 없애고 새로 만든다거나 상하수도관을 모두 들어내어 다른 곳으로 이전해서 설치하기는 현실적으로 불가능하다. 그래도 도로의 폭을 넓히거나 상하수도관의 용량을 늘려 설치하는 방식으로 어느 정도 변경이 가능하다. 하지만 도시의 효율을 높이려면 물리적 네트워크를 바꾸는 것보다 도시 구성원 사이의 사회적 네트워크를 개선하는 방법을 찾는 게 효과적이다. 스마트시티는 이 점을 파고든다. 도시는 인터넷을 바탕으로 하는 새로운 네트워크를 추가해 스스로를 개선하면서 효율을 크게 올리려는 것이다.

선이 없는 그물 안에서

제프리 웨스트의 연구에서 드러났듯이 도시가 성장할수록 물리적 네트워크는 규모의 경제 효과에 의해 도시 공간에서 차지하는 비율이 낮아진다. 동시에 반대로 사회관계망에 연결된 요소들은 규칙적으로 늘어난다. 제프리 웨스트는 전 세계 다양한 인구의 도시들을 비교하면서 예상보다 이 규칙성이 더 뚜렷하게 나타난다는 사실을 알아냈다.

노스웨스턴대학의 물리학자 윤혜진은 왜 이런 현상이 나타나는지 연구하다가 네트워크의 창발성에서 연결고리를 찾았다. 지난 200년 동안 미국의 특허 건수를 조사한 결과 1870년대부터 단독 특허의 증가율이 감소했다. 대신 기존의 특허를 조합해 만든 특허들은 폭증했다. 이는 1870년대 이후로는 혁신이 전에 없던 새로운 아이디어에서 나오는 것이 아니라 이미 존재하는 아이디어의 참신한 융합에서 나온다는 것을 뜻한다. 즉 오늘날 혁신을 주도하고 있는 발명품들은 특허 네트워크의 결과물이라는 것이다.

메신저 앱은 사람들 사이의 사교 관계를 훨씬 폭넓게 만들었다. 상대와 소통하기 위해서 시간을 맞출 필요도 없다. 사람들이 매일 활용하는 메신저에 있는 친구들은 한 사람이 최대 맺을 수 있는 사회적 관계, 일명 던바의 수라고 하는 150명을 훌쩍 뛰어넘는다. 또한 대화할 수 있는 상대가 늘어나고 여러 사람이 함께 대화할 수 있으며 모든 내용이 기록됨으로써 인간관계뿐 아니라 경제 활동도 크게 달라졌다. 사회관계망에서 생성되는 정보들은 연결된 구성원들에 대한 것이며 욕망, 취향, 감정과 같은 요소들이 반영된다. 취향을 파악해 미리 상품을 추천하는 온라인 광고처럼 그 네트워크가 새로운 결과물을 내놓는 속도가 빨라진다.

괴테의 『이탈리아 기행Italianische Reise』. 자동차와 기차, 항공기의 등장은 여행에서 과정(여정)을 사라지게 만들었다. 속도가 빨라지면 본질도 변화시킬 수 있다.

프라이버시나 개인정보 문제에서 보듯이 새로운 네트워크에서 자신이 의도하지 않게 노출될 가능성도 높아졌지만 자신을 보호할 방법도 늘어난다. 온라인 쇼핑에서 주문한 물건이 배송되면 나의 전화번호가 노출되지 않도록 안심번호를 제공하고 배송된 물품이 문 앞에 놓인 사진을 메신저로 받을 수 있다.

사회관계망에 연결된 요소들이 도시의 성장 속도보다 더 빠르게 성장할 수 있었던 배경에는 무선으로 데이터를 주고받는 네트워크가 기여한 바가 크다. 스마트폰과 사물인터넷, 5G 등 도시에 속속 더해진 정보통신 네트워크는 사회관계망을 더 공고히 하며 그 지표들을 더욱 상승하게 만든다.

사물인터넷의 개념은 20세기에 나왔으나 한동안 실용화되지 않았다. 센서가 개발되지 않았거나 컴퓨터의 속도가 느려서가 아니라 무선 통신망의 성능이 받쳐주지 못해 사물인터넷을 효과적으로 활용하기 힘들었기 때문이다. 고성능 컴퓨터가 개발된 뒤에야 딥러닝이 각광을 받은 것과 마찬가지다.

5세대 이동통신 5G5th Generation의 등장은 사물인터넷에 날개를 달아주었다. 5G의 특징은 크게 세 가지로 요약할 수 있다. 지금보다 더 빠르게(초광대역 서비스) 지연은 최소화하면서(고신뢰 · 초저지연 통신) 더 많은 기기가 동시에(대량 연결) 데이터를 주고받을 수 있다.[20] 사물인터넷과 5G가 결합하면 응용 분야는 비약적으로 늘어날 것이다.

사물인터넷을 활용하면 네트워크를 통해 다양한 정보를 얻을 수 있다. 온라인 쇼핑의 증가로 폭증하는 배달 물품에 추적용 태그RFID를 부착하면 실시간으로 배송 상태를 확인할 수 있다. 또한 사물인터넷에 CCTV나 GPS 등 여러 가지 수단을 결합하면서 새로운 응용도 가능하다. 특히 자동차와 같은 교통수단은 교

사물인터넷을 적용할 수 있는 대상의 한계는
상상력의 한계에서 비롯될 뿐이다.

통 시스템을 통합적으로 관리하는 것부터 개별 차량의 상태 파악은 물론 운전자의 보험료 산정에까지 활용할 수 있다.

5G는 그저 4G보다 더 빠른 통신망일 뿐이라고 생각할 수도 있다. 그러나 바둑에서 숫자가 커지면 철학이 되듯 데이터의 전달 속도가 빨라지면 데이터가 새로운 의미를 가질 수 있다. CCTV에서 익명으로 차량의 위치를 파악하는 것과 사물인터넷으로 운전자가 차량을 다루는 패턴, 차량의 상태, 주변 차량의 위치와 거리까지 전송되고 기록되는 것의 의미는 전혀 다르다. 지금까지는 센서가 데이터를 만들고 네트워크가 전달했다면 앞으로는 속도가 데이터를 만든다고 해도 과언이 아니다.

인간은 사회라는 외부 네트워크를 발전시키면서 생존 가능성을 늘렸고 도시는 스스로에게 새로운 네트워크를 추가하는 방법으로 생존하고 지속적으로 성장해왔다. 스마트시티에서는 데이터와 속도가 결합해서 새로운 의미가 태어난다. 그 의미는 지속가능성을 유지하며 더 나은 도시로 나아가는 데 필요한 혁신적 아이디어의 토대가 될지도 모른다.

스마트시티의 생존 전략

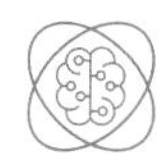

캐치 미 이프 유 캔

독일 최대의 항구도시인 함부르크는 9세기에 카를 대제가 함부르크성을 지으면서 번창하기 시작한 도시로 오랜 역사의 발자취를 고스란히 보존하고 있다. 13세기 중반부터 300년 동안 한자동맹의 핵심 도시 중 하나였고 지금도 독일 제2의 도시이자 가계소득이 높은 굴지의 대도시로 자리매김하고 있다.

함부르크와 같이 전통과 역사적 의미가 깊은 도시들은 보존할 가치가 높다는 명분이 오히려 스마트시티로 변모하는 데 족쇄가 되기도 한다. 한때 노후화된 항만 시설과 도시 기능이 쇠퇴하면서 슬럼화가 진행되기도 했던 함부르크는 스마트 항구 프로젝트를 통해 세계적인 스마트 항구도시로 발돋움했다. 어떤 노력을 한 것일까?

함부르크처럼 오래된 도시는 제약 조건이 많다. 중세에 지어진 건물을 유지하면서 도로나 철도는 물론 전기, 전화, 상하수도, 가스 네트워크를 추가하기란 힘든 일이다. 그렇다면 기존의 사회간접자본과 도시가 이전부터 갖고 있는 기반시설에 새로운 네트워크를 효과적으로 접목할 방법을 찾아야 한다. 함부르크는 스마트 항구로 변신하기 위해 무선 통신망을 이용하는 사물인터넷을 적극적으로 도입했다. 사물인터넷 기술을 활용해 수상, 도로, 철로 교통 시스템을 통합하고 환경, 물류, 주차, 행정 등 모든 분야에 적용할 수 있는 스마트시티 시스템을 구축했다.

함부르크의 스마트 항구 프로젝트는 물류와 에너지의 두 축으로 진행된다. 먼저 항구 주변에서 차량들이 최적의 상태로 통행할 수 있는 교통 시스템을 정비했다. 항구도시의 물류 시스템은 선박이 도착하면 빠른 시간 내에 컨테이너를 하역하고 트럭이 화물을 싣고 나가는 것이 관건이다. 선박이 늦게 도착하거나 화물차가 제때 도착하지 못하면 항구는 극심한 도로 정체에 빠진다. 특히 함부르크 항의 도개교를 올릴 때 차량 통제 시간이 길어지는 것이 문제였다. 자칫 선박과 추돌하는 사고도 벌어질 수 있다. 다리에 센서를 설치하고 차량에 무선인식 태그를 설치해 선박이 접근하는 신호를 실시간으로 차량에 전송하고 자동으로 다리를 올리면 정체를 줄일 수 있다.

또한 모든 도로의 운행량을 CCTV로 분석하고 화물 차량의

함부르크항의 도개교인 레테교는 다리 주변과 각 운송 수단에 무선인터넷으로 연결되는 원거리 무선인식 태그를 설치해서 선박이 다리 근처에 접근하면 자동으로 신호를 전송한다.

배차 관리까지 통합적으로 관리한다. 운행 관리 외에도 철로에 설치된 센서로 안전도를 파악해 도로와 교량의 상태를 진단하고 미리 보수해 사고를 예방하고 비용을 절감한다.

또 항구에 설치된 재생에너지 발전소에서 대형 선박에 전력을 공급하는 시스템까지 마련했다. 2025년까지 함부르크항은 현재보다 물류 처리 능력을 2배 이상 올리면서도 운영비용을 획기적으로 절감할 것으로 기대된다.

함부르크의 도전은 성공했지만 로마나 피렌체, 세비야와 같이 수백 년이 넘은 도로나 건물을 여전히 사용하고 있는 유럽의 역사 도시들이 모두 그럴 수 있을지는 의문이다. 이러한 변화는 도시 네트워크에 연결된 사람들의 인식과 행동이 뒤따라야 가능하다. 그런 점에서 인간은 다른 동식물에 비해 환경의 변화에 적극적으로 대응하는 편이지만 사고나 생활 방식을 바꾸며 변화에 대응하거나 주변 환경을 바꿔 변화에 적응하는 데는 여전히 시간이 필요하다.

눈여겨볼 것은 새로운 변화가 나타나는 간격이 점점 짧아지고 있다는 점이다. 지금은 누구나 당연하게 생각하는 전기가 등장한 것은 100년 전이었고 자동차가 거리의 주역으로 등장한 것은 이로부터 수십 년 뒤였다. 컴퓨터가 등장한 이후로 인터넷이 등장하기까지도 30년이 넘는 시간이 걸렸다.

그런데 이동전화가 스마트폰으로 바뀐 건 불과 10여 년 전이다. 세상을 완전히 뒤바꾸는 혁신이라고 일컫는 인공지능이 사람들의 관심을 끌기 시작한 것은 5년도 되지 않는다. 그리고 지금은 도시가 사물인터넷으로 대표되는 스마트시티를 향해 움직이고 있다. 사람들이 '기존의 틀을 바꾼다'고 여기는 기술들이 등장하는 간격이 점점 짧아지고 있다. 점점 빨라지는 변화에 도시가 효과적으로 대응하려면 도시의 반응 시간이 짧아야 한다. 그 도시의 반응 시간은 사실 인간의 반응 시간이기도 하다.

2010년 런던대학교 심리학과 교수 제인 워들Jane Wardle은 습관을 만드는 실험을 했다. 참가자들은 건강에 좋은 습관을 하나씩 만들어 어느 시점부터 무의식적으로 행동하게 되는지 관찰했다. 물을 자주 마시겠다고 한 집단은 약 20일 정도가 걸렸고

콜로라도주 포트 콜린스의 2020년 9월 7일(좌)과 8일(우)의 모습. 미국 콜로라도주에서는 짧은 시간 동안에 극심한 날씨의 변화가 일어났다. 나흘간 기온이 섭씨 32도에서 42도를 기록하던 덴버에서는 다음 날 기온이 떨어지며 눈이 왔다. 와이오밍주 체이엔에서는 정오에 섭씨 30도였던 기온이 오후 10시 30분에는 3도로 내려가며 눈까지 내렸다. 콜로라도에서는 나흘 동안에 사계절의 날씨가 모두 나타났다. 이런 속도로 변화가 이어진다면 지금의 생명체는 대부분 적응하기 매우 힘들 것이다.

밥 먹기 전에 조깅을 하겠다는 집단은 50일, 아침에 커피를 마시고 윗몸일으키기를 50회씩 하겠다는 집단은 84일이 걸렸다. 자신의 행동을 의도적으로 조절해서 신경세포에 회로가 만들어지는 데 평균 66일이 걸린다고 한다. 아주 단순한 습관 하나를 바꾸는 데도 말이다.

변화 못지않게 중요한 것은 변화를 감당할 능력이고 도시에겐 그것이 지속가능성이다. 점점 급격한 변화가 계속 이어질 것이라고 예상된다면 단기적, 장기적으로 도시의 지속가능성을 염두에 둘 필요가 있다. 건강에 좋다고 매일 아침에 윗몸일으키기를 하겠다는 포부는 훌륭하지만 끝내 작심삼일에 머물고 만 사람들도 있다. 도시는 그들 모두를 품고 적응해나가야 한다.

음료수 한 잔을 사면 공짜 점심을 드립니다

동물은 먹이를 통해서 에너지를 확보하고 식물은 물과 이산화탄소를 이용하는 광합성으로 에너지를 얻는다. 식물의 에너지 생산 원료는 태양에너지와 물, 이산화탄소인데 세 가지 모두 자리를 옮기지 않고도 구할 수 있는 것이니 식물은 에너지 자급을 이루었다고 할 수 있다. 그런 점에서 한곳에 정착하면 이동할 수 없으며 외부에서 에너지를 공급받지 않고 에너지 자급자족을 이루려는 스마트시티는 식물에 비유할 만하다.

석유나 석탄과 같은 화석연료를 사용하지 않으면서 생산하는 에너지를 재생에너지라고 한다. 한국에서는 태양열, 태양광발전, 바이오매스, 풍력, 소수력, 지열, 해양에너지, 폐기물에너지의 8가지를 재생에너지로 규정한다. 재생에너지의 생산량은 태양, 바람, 하천, 땅, 바다, 생물 등 자연을 얼마나 잘 활용하는가에 달려 있다. 아니 자연이 얼마나 도와주는가에 달려 있다고도 할 수 있다.

태양에너지는 햇빛이 강해야 하고 풍력은 바람이 세차게

불어야 더욱 효과적이다. 또한 입지 조건에 따라 활용 여부가 결정된다. 땅은 어디에서든 파고 내려가면 온도가 올라가지만 이왕이면 화산지대에서 지열을 활용하는 것이 경제적이다. 바람이 많이 부는 북해 연안의 북유럽 도시는 풍력을 주요 에너지로 사용하며 화산지대에 있는 아이슬란드에서는 지열이 아주 흔하게 사용된다.

수력이나 파도를 이용하는 조력은 낙차가 있는 강이나 저수지, 바다에 발전소를 지어야 한다. 2025년부터 내연기관 승용차의 판매를 금지하고 전기차 보급에 적극적인 노르웨이는 전력 생산의 99퍼센트 이상을 수력발전이 감당한다. 이렇게 환경 조건을 만족해야만 쓸 수 있는 재생에너지를 제외하면 보편적으로 도시에서 활용할 수 있는 건 태양열과 태양광, 바이오매스와 폐기물에너지 정도다.

최근 들어 도시에서 지열에너지를 활용하려는 움직임이 커지고 있다. 사용할 수만 있다면 지열에너지는 매우 효과적이다. 태양열의 약 47퍼센트가 지표면을 통해 지하에 저장되므로 지표면에서 가까운 땅속의 온도는 보통 섭씨 10~20도를 유지한다. 한국의 일부 지역은 지하 1~2킬로미터의 온도가 섭씨 80도에 육박하는지라 열펌프를 이용해 직접 냉난방에 쓸 수도 있다.

도시를 유지하는 데 필요한 에너지를 재생에너지만으로 확보할 수 있다면 가장 바람직하겠지만 입지 조건에서 자유로운

1920년대까지 미국에서는 음료수 한 잔을 사면 '공짜 점심 식사'를 제공하는 곳이 많았다. 음료수 한 잔 가격은 얼마였을까?

바이오매스나 폐기물에너지는 아직 개발 단계에 있다. 이런 방식으로 만든 에너지는 생산하는 데 들어간 에너지에 못 미친다. 친환경재생에너지라는 표현이 자연이 선물한 공짜 에너지처럼 보이지만 아직까지는 적자다.

또 한 가지 자원 소비라고 하면 전기나 석유, 가스 같은 화석연료를 떠올리기 쉬운데 그에 못지않게 중요한 자원이 물이다. 오늘날 물은 전기와 밀접하게 관련된 자원이다. 물을 가장 많이 사용하는 분야라고 하면 농업을 떠올리기 쉽지만 연료를 이용하는 원자력이나 화력발전소도 많은 양의 물을 필요로 한다. 발전소에서 전기를 생산하는 과정에서 엄청난 양의 냉각수를 사용하게 된다. 미국의 경우 2015년 기준으로 물 공급량의 41퍼센트가 발전용수로, 37퍼센트가 농업용수로 사용되었다. 이

조차도 발전용수 사용량이 수년째 감소 추세를 보인 덕분이다.

이렇게 수력이나 풍력, 지열 같은 재생에너지를 손쉽게 얻을 수 있는 환경을 타고난 곳이 아니면 더 많은 전기를 쓸수록 물 사용량도 늘어나는 구조다. 한국도 2019년 기준으로 화력과 원자력 발전 의존도가 99퍼센트를 넘는다.

스마트시티는 기존의 도시보다 전기를 더 많이 소모할 가능성이 높다. 다양한 방면에서 전기를 절약하기 위한 대책들이 만들어지지만 전기를 이용하는 기술이 점점 더 확산되고 전기 자동차까지 보급되기 시작한 오늘날의 환경에서는 전체 전기 사용량 자체를 줄이기란 생각보다 쉽지 않다. 실제로 한국의 경우 전력 소비량은 1998년 외환위기 때와 여름이 그다지 덥지 않았던 2019년을 제외하고는 한 번도 감소한 적이 없다.

또한 물도 엄연히 '생산'되는 상품이며 여느 상품과 같이 생산에도 폐기(폐수 처리)에도 전기가 든다. 발전소에서 냉각수로 쓰인 물은 온도가 올라가 있기 때문에 그대로 방류하면 환경에 심각한 문제를 일으킨다. 전기를 많이 생산하면 물이 더 필요하고 전기 생산에 쓰인 물을 처리하는 데도 전기가 필요한 구조다.

전기와 물 소비량을 줄이는 데 방해가 되는 요소 중에 중요한 것이 하나 더 있는데 바로 사회의 눈높이다. 환경을 보호하기 위한 목적으로 관련 기준을 엄격하게 할수록 같은 양의 폐수를 처리하는 데 필요한 전기가 늘어난다. 사회의 품위 유지비라고 해야 할까? 미국의 경우에는 하수를 처리하는 데 전체 전기 소비량의 3퍼센트가 사용된다고 하니 결코 적은 양이 아니다. 한 측면이 좋아지면 어디선가 다른 면에서 반드시 영향이 나타나게 되어 있는 것이다. 눈높이가 높은 것 자체는 우아하고 명분도 있지만 그로 인해 감당해야 하는 것도 반드시 나타난다. 지속가능성을 유지하면서 효과적으로 환경을 보호하려면 사회가 감당할 수 있는 적절한 선을 찾아낼 필요가 있다.

오늘날 기술의 발전은 대체로 전기에너지를 더 많이 사용하는 방향으로의 변화를 의미한다. 네트워크, 인터넷, 인공지능, 사물인터넷 등은 물론이고 전기자동차는 전기 수요를 크게 늘린다. 모든 자동차가 전기자동차로 바뀐다면 전기 생산을 어떤 방식으로 하는가에 따라 석유 사용량은 줄어들지도 모른다(계산에 따라 다른 결론이 나오는 문제이므로 매우 어려운 주제다). 그러나 스마트하고 환경 친화적 도시가 되려면 전기 사용의 효율이 개선되어야 함은 분명하다.

도시는 여러 측면에서 동물보다는 식물에 가깝다. 나무는 한곳에서 움직이지 않으면서 자란다. 그리고 나무가 성장하려면 물이 필요하다. 식물을 키우려면 오랜 시간이 걸리고 성과도 즉시 알기 힘들다. 꾸준함과 함께 돌봄의 방향이 식물의 성장 방향과 일치해야 한다. 합리적 방향과 꾸준함을 동시에 유지하라는 도시의 요구에 부응하려면 상당한 의지가 필요하다.

도시는 동물보다 식물에 가깝다. 식물이 잘 자라려면 꾸준히 돌보아야 하며 그 돌봄의 방향이 식물의 성장 방향과 일치해야 한다. 합리적 방향과 꾸준함을 동시에 유지하며 도시를 가꾸기 위해서는 상당한 의지가 필요하다.

덜 쓰고 더 만들어내기

도시가 무한정 성장하고 커질 수는 없다. 2000년 전의 전 세계 인구는 2억 명이 채 되지 않았고 18세기까지도 전 세계 인구는 10억 명에 못 미쳤다. 당시 사람들이 과연 한 도시에 수천만 명이 모여 사는 것을 상상이나 할 수 있었을까? 그 연장선에서 보면 마찬가지로 2000년 후 한 도시에 수십억 명이 사는 모습을 상상하기 어렵다. 10년 전에 넷플릭스 가입자가 2억 명이 넘을 거라고 예상한 사람도 거의 없었으니까. 지금의 변화 속도를 볼 때 상상을 벗어나는 도시가 나타나는 시점은 2000년 뒤가 아니라 100년 뒤일 가능성이 높다.

점점 빠른 속도로 변화하는 도시가 용량이 모자란 컴퓨터나 느려터진 통신망의 속도에 발목 잡히지 않게 하려면 도시의 효율을 미리 높여 둘 필요가 있다. 도시를 개선하는 대응책 중 많은 부분은 에너지 소비를 줄이는 것을 목표로 한다. 대중교통 시스템을 확대하고 공동주택을 늘리며 고층 빌딩을 사무실로 활용하는 것 모두 에너지 효율을 높이려는 행동이다. 종이 신문이 온라인 뉴스로 바뀌고 메신저 앱이 음성 통화를 압도하는 것도 본질은 더 적은 에너지로 더 많은 정보를 얻으려는 것이다.

도시에서 이루어지는 모든 일은 에너지를 사용한다. 자동차가 달리고 공장에서 물건을 생산하고 냉난방을 하는 것뿐 아니라 의식주를 비롯해 사랑을 하고 여행을 하는 사람들의 행동도 에너지 소비를 통해서다. 금융 거래, 사교적 만남, 독서, 취미 활동, 몽상 그리고 범죄까지도 마찬가지다.

스마트시티는 정보통신 네트워크에 초점을 맞추고 있지만 궁극적 목적은 도시의 효율 향상이므로 물리적 네트워크에 있는 노드 단위에서도 에너지 효율을 높여야 한다. 도시를 구성하는 가장 작은 단위의 에너지 소비자는 건물이다. 건물의 에너지 소비를 줄이는 방법은 냉난방을 최적화하는 것이다. 주로 단열 효과가 높은 자재를 사용하고 태양열, 태양광, 풍력, 지열 등을 활용해 에너지를 공급하는 방식이다.

독일 함부르크의 빌헬름스부르크에 있는 BIQ 빌딩은 단열 효과나 태양광에너지를 활용하는 것을 넘어서 건물 자체가 에너지를 생산하는 구조로 만들어졌다. 에너지 소비를 줄이는 동시에 에너지를 생산한다. 이 건물의 외벽에는 조류가 자라는 모듈 패널이 설치되어 있다. 식물성 플랑크톤의 일종인 미세조류는 태양에너지를 받아 유기물을 합성(광합성)하는데 좁은 패널 안에서 육상식물보다 5~10배 이상의 바이오매스에너지를 생산한다.

박테리아보다 작은 이 미세조류가 차세대 바이오매스 주자로 주목받은 데에는 세 가지 이유가 있다. 첫째, 성장속도가 빨라서 짧은 시간에 많은 바이오매스를 만들 수 있다. 둘째, 옥수수와 같은 바이오매스 식물과 달리 경작지가 필요 없다. 셋째, 지질 함유량이 높고 에너지로 전환한 후 생성하는 부산물도 의

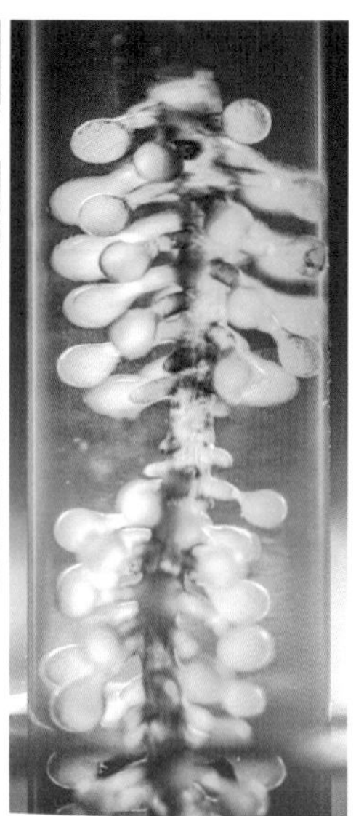

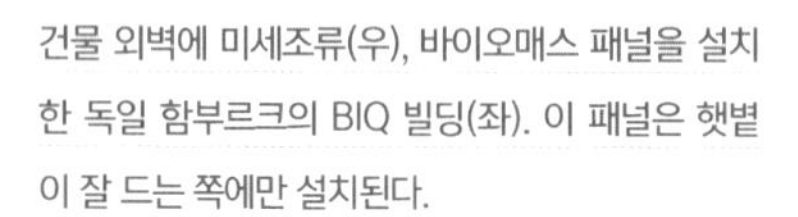

건물 외벽에 미세조류(우), 바이오매스 패널을 설치한 독일 함부르크의 BIQ 빌딩(좌). 이 패널은 햇볕이 잘 드는 쪽에만 설치된다.

약품이나 화장품의 원료로 활용할 수 있다.

BIQ 빌딩은 바이오매스에너지로 열을 생산해 온수를 만들고 부산물은 연구소나 기업에 판매한다. 모듈 내부의 녹색 미세조류는 햇빛을 적절하게 차단해주는 부수적 효과도 준다. 덕분에 여름에는 시원하고 겨울에는 따뜻하므로 냉난방에 필요한 에너지를 줄일 수 있다.

모든 건물이 에너지 소비를 줄이고 심지어 에너지 생산까지 한다면 도시 전체의 에너지 효율은 상당히 개선된다. 이를 적용한 것이 제로에너지빌딩ZEB, net-Zero Energy Building 개념이다. 미국 에너지부는 "제로에너지빌딩이란 1년을 기준으로 외부에서 공급받은 에너지가 건물 자체에서 생산한 에너지와 같거나 적은

건물"이라고 정의한다.[21]

제로에너지빌딩은 에너지 소비를 최소화하면서 태양광 등의 기술로 에너지를 생산한다. 자체 생산하는 에너지가 부족할 때는 외부에서 에너지를 공급받지만 자체 생산량이 소비량을 초과할 때는 이를 전력회사에게 판매한다. 주택처럼 에너지 소모량이 많지 않은 소규모 건물에 적합하다.

그러나 에너지 소비량이 많은 기업이나 사무실이 밀집한 대형 건물이 태양광이나 미세조류 패널로 에너지를 자급하는 건 매우 힘들다. 미국의 실버 스프링 한복판에 세워진 유나이티드 세러퓨틱스의 새 사옥 유니스피어는 미국에서 가장 큰 제로에너지빌딩이다. 이 건물에는 에너지를 절감하고 생산하기 위한 다양한 기술이 최대로 활용되어 있다. 일단 건물의 모든 층은 조명을 켤 필요가 없을 정도로 자연광이 들어온다. 건물 내부의 공기는 지하 3.6미터 깊이에 설치된 통로(땅 속은 여름엔 시원하고 겨울엔 따뜻하다)를 이용해 신선한 외부 공기를 자연 통풍한다.

또한 3000개의 태양광 패널을 이용해서 1메가와트MW의 전기를 생산한다. 지하 150미터까지 뻗어 있는 지열에너지용 파이프 52개를 이용해서 냉난방 효율을 50퍼센트까지 올린다. 겨울에는 땅 속에서 열을 끌어올려 물을 데우고 여름에는 물을 땅 속으로 보내서 식힌다. 중앙 관제소에서는 건물의 에너지 흐름을 모니터하며 난방과 냉방을 자동으로 조절한다. 건물 중앙에 설치된 거대한 풀은 여름에 뜨거운 열을 흡수하며 수영장으로도 활용한다.

이런 대형 빌딩을 유지하는 데 외부에서 공급받는 에너지가 없다는 사실은 놀랍다. 모든 건물이 제로에너지빌딩으로 바뀐다면 도시의 에너지 효율은 극적으로 상승하게 된다. 생명체는 누적 에너지 소비를 0으로 만들 방법이 없지만 도시는 구성요소마다 이렇게 에너지 효율을 향상시킬 방법이 있다. 기술과 엔지니어링은 때로 생물학적 한계를 뛰어넘기도 한다.

유럽에서는 개별 건물이 아니라 지역 전체가 제로에너지를 달성하려는 시도가 이루어지고 있다. 덴마크 코펜하겐의 발비 지역에는 주택 약 300채와 1만 3000평방미터에 이르는 사무용 건물 전체에 태양광 설비를 설치하고 전체 전력 사용량의 15퍼센트를 수급한다.

오스트리아의 잘츠부르크는 2050년부터 도시 전역을 탄소 제로시티로 만들어 일체 외부에서 에너지를 공급받지 않는 목표를 향해 가고 있다. 새로 지어지는 건물은 열에너지 소비가 75퍼센트나 적고 태양열이 이미 연간 열 수요의 35퍼센트를 감당하고 있다. 도시 단위에서 탄소 제로를 실현하기 위해서는 무엇보다 태양에너지를 효과적으로 활용하는 것이 중요하다.

한편으로 스마트시티는 정보통신 기술을 적극적으로 활용하는 곳임을 떠올리면 스마트시티의 전기 소비는 늘어나게 마련이다. 스마트시티가 궁극적으로 에너지와 자원을 덜 쓰려는 목표를 달성하기 위한 수단 중 하나라는 사실을 떠올려보면 개

손으로 돌리는 발전기가 장착된 라디오는 배터리를 교체할 필요도 없고 운동도 되지만 시장의 주류가 되지는 못했다.

별 건물의 에너지 소비를 줄이는 것은 매우 중요한 일이다. 그러기 위해서는 일상생활과 업무 방식도 에너지 소비를 줄이는 쪽으로 바뀌야 한다.

홀연히 눈앞에 나타난 잘 지은 제로에너지빌딩은 환경 변화에 탁월한 적응력을 지닌 엄청난 돌연변이와 같다. 과연 도시는 그 돌연변이가 도태되지 않게 할 수 있을까?

스마트 쓰레기는 어디에

오늘날 세계의 풍요로움을 가늠해보고 싶다면 쓰레기를 얼마나 만들어내는지 보면 된다. 쓰레기는 풍요로움의 부산물이다. 2018년 세계은행은 전 세계 연간 쓰레기 배출량이 2016년 21억 톤에서 30년 뒤에는 34억 톤으로 늘어날 것으로 전망했다. 가장 큰 크기의 유조선이 실을 수 있는 무게가 대략

30만 톤 정도인데 이런 초대형 유조선 1만 대를 가득 채울 수 있는 양의 쓰레기가 매년 쏟아진다는 이야기다. 스마트시티가 진정한 의미에서 쾌적함과 지속가능성을 가지려면 다같이 풍요에 대한 꿈을 접거나 쓰레기 처리에 대한 효과적 대응책을 갖고 있어야 한다.

실제로 쓰레기 처리 산업은 크게 성장했다. 세계적으로 쓰레기 처리 산업 시장은 2017년의 3360억 달러 규모에서 연평균 6퍼센트의 성장을 지속해서 2025년이면 5300억 달러 규모에 이를 것으로 예상된다. 기존의 모든 조명을 갈아 치우는 LED 조명 산업의 규모가 2019년에 1025억 달러이고 2030년까지 2628억 달러에 머물 것이라는 예상과 비교해보면 쓰레기 처리 산업의 성장세를 체감할 수 있다.

쓰레기 처리 사업은 중고차 사업과 마찬가지다. 팔고 싶어도 중고차가 시장에 나오지 않으면 사업은 성장할 수 없다. 쓰레기 처리 사업이 지속적으로 성장한다는 것은 쓰레기 공급량이 계속 늘어나고 있기 때문이다.

그렇다 해도 친환경적 스마트시티에서는 쓰레기 배출량이 줄어드는 건 아닐까? 안타깝지만 사회관계망에 의한 결과물은 인구의 증가에 비해 1.15배 늘어난다는 기존의 연구 결과에 따르면 아마도 더 늘어날 가능성이 높다. 쓰레기도 사회관계망에 의한 결과물이다. 결국 스마트시티는 가장 스마트하지 않은 산출물(쓰레기)을 잘 처리해야 스마트해질 수 있다는 역설적 상황

사물인터넷과 5G는 전자 쓰레기를 양산하는 기술이기도 하다. 가나에서는 전 세계에서 가져온 전자 쓰레기를 태우거나 산성 약품을 뿌려서 녹인 뒤 돈이 되는 소재를 걸어낸다. 이곳은 체르노빌과 함께 지구상에서 가장 오염된 10곳 중 하나로 꼽힌다.[22]

이 벌어진다.

제로에너지시티를 구축하고 도시의 효율을 최적화하는데 쓰레기가 줄기는커녕 늘어난다니 무슨 일일까? 기술 발전의 속도가 빨라지고 5G와 더불어 사물인터넷이 활성화될수록 전자 쓰레기e-waste가 엄청나게 늘어난다. 오늘날 전자제품은 내구성 측면에서의 수명은 길지만 기능의 발전이 너무 빠르게 일어나고 소비자들이 성능보다 기능을 보고 제품을 구입하는 경우가 많아서 실제 사용 기간은 짧아지고 있다. 또한 사물인터넷은 말

덴마크 코펜하겐의 지역난방발전소 코펜힐은 쓰레기를 원료로 사용한다.

그대로 온갖 사물에 통신 기능을 갖는 센서를 부착하는 것인데 이 센서들의 수명과 기술의 발전을 떠올려보면 일정 기간이 지나면 엄청난 전자 쓰레기가 쏟아져 나올 것이다.

이미 지금도 전자 쓰레기 문제는 심각하다. 2016년 전 세계의 전자 쓰레기양은 에펠탑 4500개 분량인 4470만 톤에 달했는데 불과 2년 뒤인 2018년에는 5000만 톤을 넘어섰다. 정말로 사람들이 쓰레기를 줄이려고 노력하고 있는지 의문이 들 정도다.

힘들게 스마트시티를 구축하고도 건물마다 집집마다 거리 곳곳에 쓰레기(재활용 가능한 것이든 아니든)가 쌓여 있고 이를 치우는 데 엄청난 노력이 들어간다면 그 의미가 퇴색된다. 이런 문제에 먼저 뛰어든 몇몇 선구자들이 쓰레기 처리를 위한 참신한 방법을 내놓기도 한다.

덴마크 코펜하겐에 있는 지역난방발전소 코펜힐에서는 쓰레기를 연료로 사용한다. 건물 옥상에는 스키, 스노우보드, 달리기 등을 할 수 있는 시설이 마련되어 있다. 쓰레기를 연료로 사용하는 아이디어는 단순하지만 그러려면 쓰레기가 체계적으로 분리 수집되어야만 한다. 그렇지 않으면 이런 발전소는 도시에 자리한 유해가스 생산 시설로 전락한다.

쓰레기 처리에 대한 접근 방법의 하나로 도시 내부에서 발생하는 쓰레기를 별도의 통로를 통해서 한곳으로 모으거나 곧바로 쓰레기 처리 시설로 보내는 방법을 쓰기도 한다. 이러면 도시 곳곳을 쓰레기 수거 차량이 돌아다닐 필요는 없다. 쓰레기 수거 차량은 도로가 좁은 곳에서는 교통체증을 일으키는 원인이 되기도 하고 운행하면서 에너지를 쓰고 쓰레기를 만들기도 한다.

하지만 이런 방법은 대부분의 도시에서 도입하기엔 상당히 사치스러운 접근법이다. 기본적으로 쓰레기 집하장으로 사용할 토지가 도시 곳곳에 필요하고 쓰레기 운반용 관도 매설해야 한다. 게다가 어차피 누군가는 '스마트시티'의 쓰레기 집하장 옆에 살아야 한다. 사실 쓰레기 처리는 기술의 문제이기도 하지만 상당 부분 감정적이고 사회적 이해관계가 얽힌 문제라 더 골칫거리다.

스마트 쓰레기통 빅벨리처럼 사물인터넷 기술을 적용하는 방식도 생각해볼 수 있지만 쓰레기 자체는 여전히 스마트하지 않다. 결국은 쓰레기 발생량을 줄이는 것이 가장 효과적이고 합리적 방법이다. 이산화탄소 배출을 제한하는 국제법이 제정되고 여기에 따르지 않으면 불이익을 받게 되면서 세계 이산화탄소 배출량은 2020년 10년 만에 감소 추세(코로나19의 영향이 적지 않았지만)로 돌아섰다.

뛰는 놈 위에 나는 놈

사회에서 보편적으로 사용되는 도구를 사용할 줄 모르면 상당한 불이익을 감수해야 한다. 한국에서 한국어를 구사할 줄 모른다거나 한글을 읽지 못한다면 누군가에게 의지해야 하고 같은 일을 하는데도 더 많은 시간과 비용을 투입해야 한다. 오늘날 한국에서 한국어를 못하는 사람과 컴퓨터를 사용할 줄 모르는 사람 중 어느 쪽의 일상이 더 불편할까?

머지않아 언어 능력보다 정보기기를 활용하는 능력이 더 필수적인 세상이 올 수 있다. 인터넷과 컴퓨터가 보편적으로 사용되는 사회에서 컴퓨터를 사용할 줄 모르면 불편한 일이 매우 많다. 기차표를 예매하러 역까지 찾아가도 입석표만 남아 있고 햄버거를 먹고 싶어도 키오스크 사용법을 몰라 쩔쩔매게 된다.

모니터 안에 전 세계의 모든 공개된 자료가 들어 있지만 검색할 줄 모르면 필요한 자료를 찾으러 여기저기 동분서주해야 한다.

컴퓨터와 인터넷, 스마트폰을 사용하면서 일상이 편리해진 것은 사실이지만 정보의 소통이 늘어나는 만큼 부작용도 커지고 있다. 아이러니컬하게도 컴퓨터나 스마트폰을 사용할 줄 모르는 사람만이 그 부작용에서 자유로울 수 있다. 가장 심각한 문제는 개인의 사생활 침해와 개인정보유출이다. 누구나 들고 다니는 휴대폰은 쉴 새 없이 자신의 위치 정보를 전송한다. 물건을 하나 주문할 때 이름, 생년월일, 주소, 휴대폰번호, 이메일, 신용카드 정보에 때로는 지인 연락처까지 넘겨준다.

도시 곳곳에 설치되는 수많은 CCTV와 거리의 모든 매장을 들어갈 때마다 거쳐야 하는 QR 코드 인증은 (코로나19와 같은 전염병의 확산 방지에 큰 역할을 할 수도 있지만) 사람들의 일거수일투족을 속속들이 파악한다. 문제는 이렇게 수집된 정보들이 어떻게 관리되고 보호되는지 정보 제공자인 일반 사람들은 알 수가 없다는 것이다.

또한 사물인터넷을 이용한 기기는 모두 인터넷에 연결되어 있는 것이므로 해킹의 대상도 늘어난다. 컴퓨터나 스마트폰 외에도 냉장고와 로봇청소기에 이르는 다양한 물건의 보안을 고려해야 한다. 집 외부에서 집 안의 여러 장치나 설비를 조작하려면 어떤 형태로든 집 외부에서 내부로의 정보 연결 통로가 존재한다. 이 통로의 보안을 완벽하게 담보할 수 있는 방법은 아직까

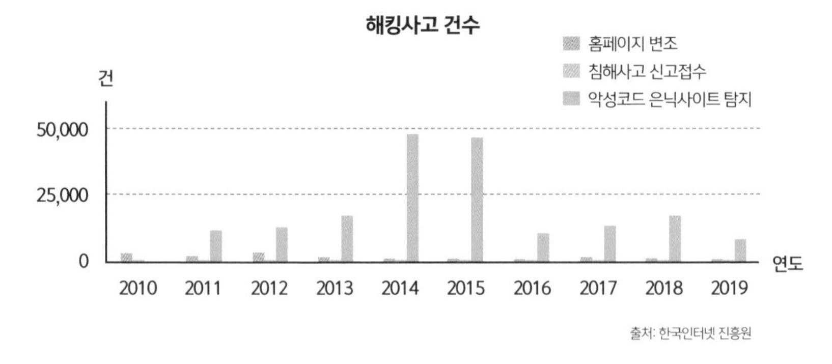

해킹 사건은 매년 수천 건을 넘고 있다. 하지만 컴퓨터나 스마트폰의 사용을 포기하는 사람은 찾기 어렵다.

지 없다.

게다가 5G는 구조적으로 해커가 공격할 수 있는 경로가 더 다양하다. 전문가들은 사물인터넷을 비롯해 의료나 자율주행 자동차 등의 보안에 문제가 생긴다면 그 여파는 감당하기 힘들다고 이야기한다. 사용자에게 보안 대책으로 패스워드 관리와 VPN의 사용 등을 비롯해서 여러 가지가 제시되고 있지만 스마트폰을 비롯한 정보통신 기기에 대한 배경지식이 없는 단순 사용자라면 이해하기도 힘들고 번거롭기도 하다.

보안을 확보하기 위해 블록체인이나 양자 암호화 같은 방법이 대안으로 제시되고 있다. 1940년대의 앨런 튜링은 암호를 푸는 방법을 찾아내어 이름을 남겼는데 21세기의 튜링은 뛰어난 암호화 기법을 만들어내는 사람일 것이다.

열 수 없는
자물쇠는 없다.

스마트시티에서는 같은 인구와 규모를 가진 기존의 도시에 비해 물자와 사람, 정보, 자본의 교류가 대규모로 빠르게 이루어지면서 도시에서 활동하는 사람들에게 더 많은 경제적 기회를 제공하고 동시에 범죄를 비롯한 불법적 활동에게도 더 큰 무대가 열린다. 도시를 지탱하는 요소는 여러 가지지만 치안은 그중에서도 매우 중요한 요소다.

아무리 다양한 네트워크로 연결된 스마트시티라도 치안이 불안하다면 결코 매력적인 도시가 될 수 없다. 범죄에 대처하는 가장 효과적 대응 방법은 쓰레기 처리와 마찬가지로 범죄의 발생을 억제하는 것이다. 범죄가 일어났을 때 사회가 범인을 찾으려는 것은 단순히 사회적 응징이 아니라 범죄자는 반드시 처벌받는다는 것을 모두가 인식하도록 해서 향후의 범죄를 방지하려는 데 있다. 그러므로 범죄 억제라는 목표를 달성하려면 수사가 얼마나 성과를 거두느냐가 매우 중요해진다. 높은 검거율 못지않게 과학수사 기법에 의해 조그만 단서만으로도 많은 것을 알아낼 수 있다는 사실을 알리는 것도 효과적일 것이다.

오늘날 살인사건과 같은 강력사건에 활용되는 과학수사 기법은 다양하게 발전하고 있다. 가상현실 기술로 현장을 재구성하기도 하고 DNA 분석으로 범인을 찾아내는 것을 비롯해서 현장에 남은 혈흔의 형태를 분석해 현장에서 일어났던 일의 내용을 파악하고 용의자의 체구를 추정하는 수준에까지 이르렀다.

도시는 원한다고 새롭게 만들기도 어렵고 골치 아프다고 한순간에 폐기할 수도 없는 곳이다. 도시를 누리는 것은 현재를 살아가는 사람들이지만 지금 만드는 포맷은 후대도 사용해야 한다. 도시도 자연의 모든 것과 마찬가지로 끝없이 변화하는 존재이므로 완성된 스마트시티도 없을 것이다. 스마트시티는커녕 산업혁명의 물결조차 제대로 구경하지 못했던 독일의 시인 횔덜린Friedrich Hölderlin의 이야기는 불편한 진실을 끄집어낸다.

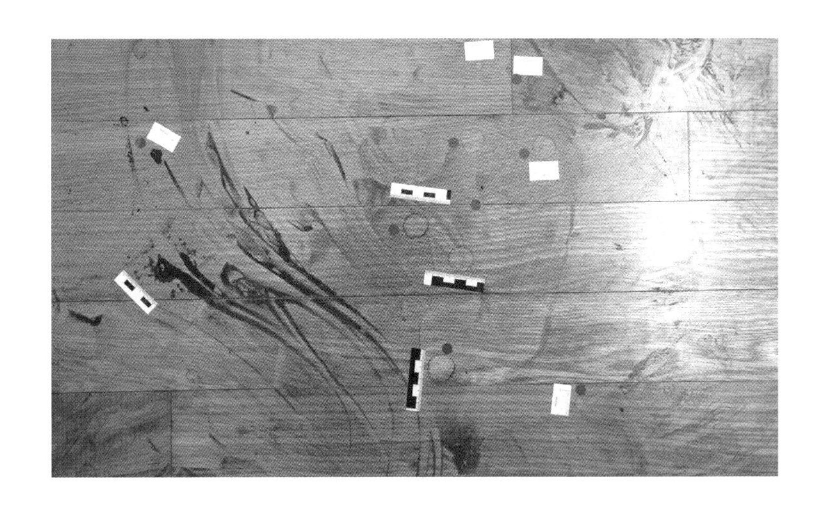

혈흔의 형태로 범행 현장을 재구성할 수 있다.
치안은 도시의 매력을 결정하는 중요한 요소다.

"세상을 천국으로 만들겠다고 했던 사람들이 만든 것은 언제나 지옥이었다."

동기는 분명하지만 신뢰는 미지수다. 스마트시티는 도시에게 지금껏 없었던 새로운 가능성을 제공해주고 있다. 이를 어떻게 활용할지는 지금 도시에서 살고 있는 사람들의 몫이다. 가장 최신의 기술을 활용하는 도시가 제 몫을 해내려면 신뢰의 네트워크가 제대로 작동해야 할 것이다.

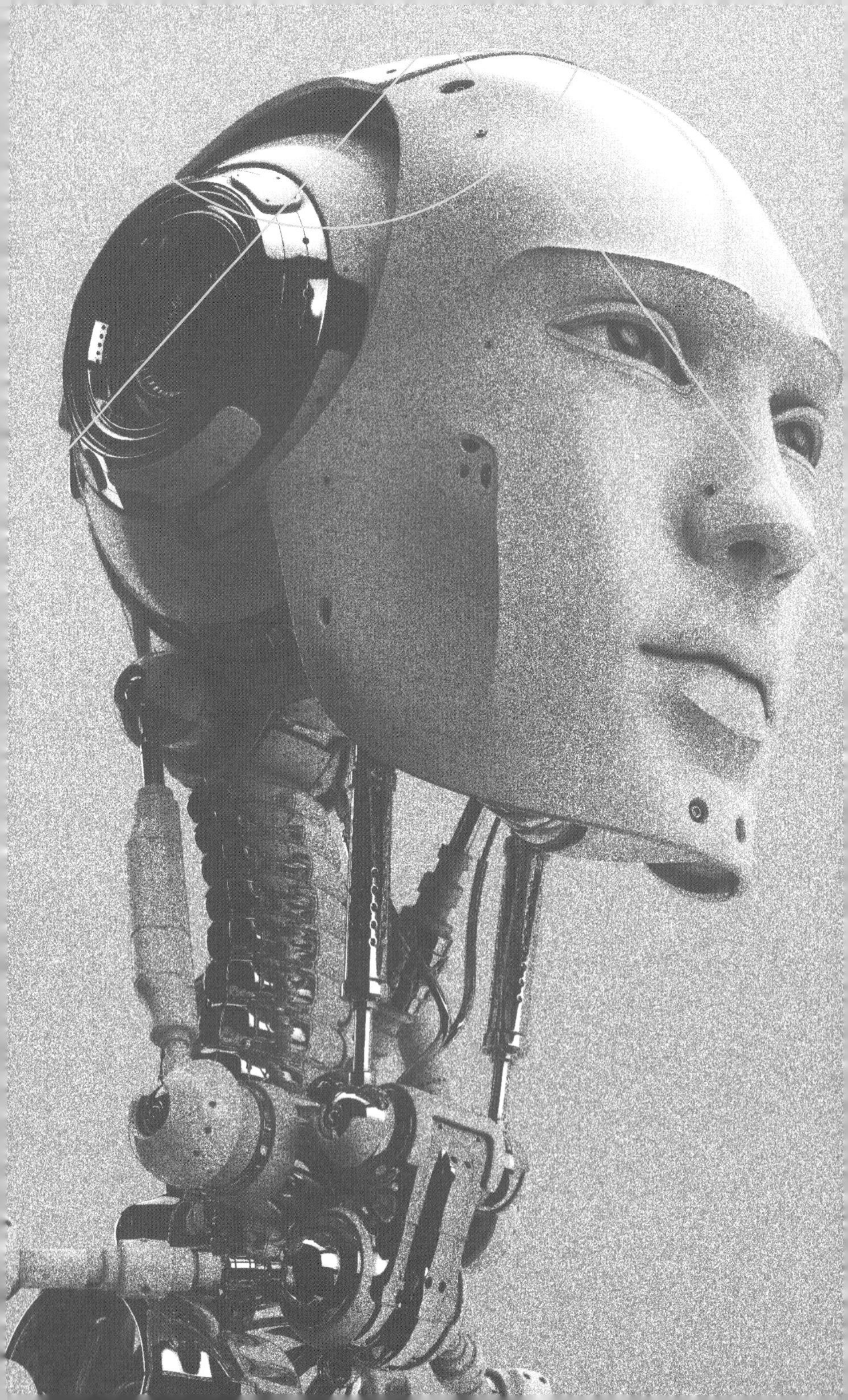

CHAPTER 6

불확실성 너머

호기심 대 두려움

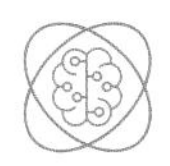

한 치 앞도 모른다

미래란 차곡차곡 쌓여 있는 내일이다. 누구나 멋대로 상상할 수 있다. 특정 분야의 전문가라면 해당 분야에 대해서 조금은 더 정확하게 예측할 수 있을지도 모르겠지만 정말 내일이 어떤 모습일지는 아무도 모른다. 2020년이 좋은 예가 아닐까.

2020년은 지난 몇 세기를 통틀어 가장 독특한 한 해라고 해도 과언이 아니다. 인류는 기록된 역사 속에서 엄청난 사건이 일어나고 그로 인해 많은 사람들이 어려움을 겪는 과정을 봐왔다. 그러나 그 역사적 사건도 한 걸음 떨어져 바라보면 국지적으로 사건의 영향권에 있는 사람들이 겪은 남의 일이었다.

세계대전이라는 이름이 붙었던 1910년대와 1940년대의 전쟁은 유럽과 아프리카 북부, 태평양 일부에서 벌어졌던 전쟁일

“미래는 이미 와 있다. 단지 골고루 퍼져 있지 않을 뿐이다.”

– 윌리엄 깁슨

뿐이었다. 2차 세계대전이 벌어지는 동안 수천만 명이 목숨을 잃었지만 한반도에는 직접적으로 총알 하나, 포탄 한 발 떨어지지 않았다. 유럽에서는 흑사병으로 인구의 3분의 1이 목숨을 잃었고 아메리카 대륙에서는 스페인이 원주민의 대부분(일부의 연구에 의하면 90퍼센트에 이를 정도)을 학살했다고 하지만 한반도에 사는 사람들은 수백 년이 지나서야 그런 사실을 전해 들었다.

1950년에는 한반도에서 전쟁이 일어나 수백만 명이 죽었지만 바다 건너에서 보기에 이 전쟁은 신흥 강대국의 사업 확장 기회였다. 지금도 시리아와 아프가니스탄에서는 정체조차 파악하기 힘든 전쟁이 벌어지지만 뉴스의 관심에서 멀어진 지 오래다. 자연재해는 피해 지역의 범위를 따져보면 훨씬 더 국지적이다. 한마디로 지금껏 알고 있는 역사적 사건들은 아무리 규모가 크고 피해가 막심해도 일부 지역, 일부 사람들에게만 국한된 일이었다.

그러나 2020년 코로나19로 인한 팬데믹은 재해로 치자면 가뭄과 같다. 가뭄은 비정상적으로 오래 비가 오지 않거나 연강수량이 예년에 비해 현저히 떨어지는 것을 말한다. 가뭄 피해는 일부 지역이나 계층에게만 국한되지 않는다. 극심한 가뭄으로 물이 부족해지면 생태계 가장 밑바닥에서 인간의 생활 전반에 이르기까지 직접적 영향을 미친다. 코로나19는 단기간에 전 세계 모든 사람의 삶에 직접적 영향을 미쳤다는 점에서 마치 전 세계에 동시 다발로 가뭄이 일어난 것과 마찬가지다. 이제까지 있

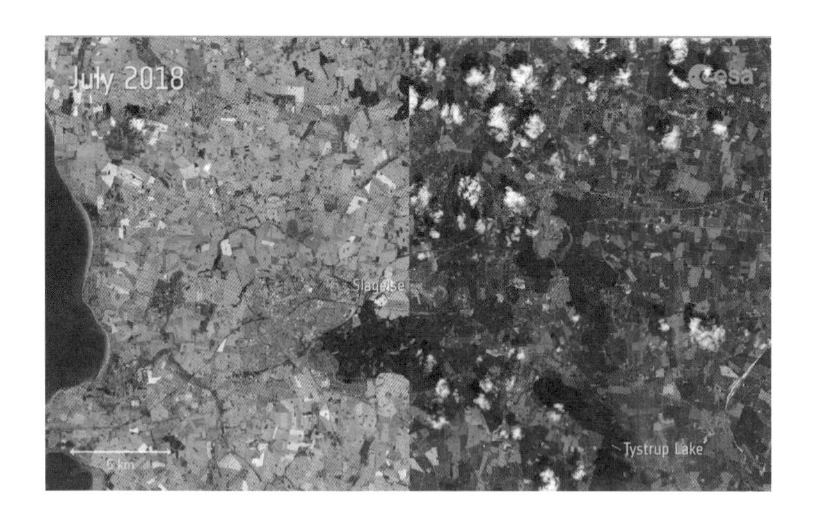

2018년 유럽은 기록적인 가뭄에 시달렸다. 코페르니쿠스 센티넬-2 위성이 촬영한 덴마크의 2017년 7월과 2018년 7월의 모습이다.

었던 그 어떤 사건과도 비교할 수 없을 정도로 역사의 한 획을 그은 사건을 다같이 경험했다. 하지만 2020년 2월까지 이 엄청난 일이 벌어지리라 예측한 사람은 아무도 없었다.

2020년 4월, 미국 엑시옴 스페이스에서는 5500만 달러(약 600억 원)를 내면 10일간 국제우주정거장ISS:International Space Station에 체류하는 우주여행을 할 수 있다고 발표했다. 그리고 며칠 지나지 않아 이 여행 상품을 실제로 계약한 사람이 있었다(이 회사 외에도 우주 여행권을 판매하는 회사는 여러 곳이다). 한편 미국의 스페이스엑스는 인간을 화성에 보내는 탐사를 계획 중이며, 이들의 주장에 따르면 2028년경이면 화성에 기지가 운용될 것이라고 한다. 두 여행 모두 지구를 벗어나는 우주여행이지만 둘 사이에는 커다란 차이가 있다.

국제우주정거장을 방문하는 여행자는 목적지에 도착할 때까지 로켓의 좁은 선실에 웅크린 자세로 기다려야 한다. 로켓이 발사되면 지상에서는 절대로 느껴볼 수 없는 강력한 수준의 가속도로 지구의 중력권을 벗어나서 국제우주정거장과 도킹한 후에는 무중력 상태의 우주정거장 내에서 시간을 보내며 평생 잊을 수 없는 경험을 하게 될 것이다. 물론 예상대로 진행되지 않을 수도 있지만 지금까지의 이력으로 보면 여행자의 안전에 큰 문제가 생길 가능성은 그리 높지 않다.

반면 화성을 향하는 우주선의 승무원은 지구를 벗어난 순간부터 화성에 도착할 때 그리고 화성에 도착한 이후 자신들이 어떤 상황에 놓이게 될지 지금으로서는 오로지 가정만 할 수 있다. 상상할 수 있는 대부분의 상황에 대해서 준비도 하고 훈련도 하겠지만 정작 어떤 일이 벌어질지는(화성으로 가는 우주선뿐 아니라 지구의 기지에서도) 아무도 모른다. 두 여행 모두에 호기심이라는 요소가 있지만 화성으로 가는 탐사에는 확인되지 않은 것에 대한 두려움이라는 요소가 더해진다. 우주여행을 위해 5500만 달러를 선뜻 내놓을 고객도 어지간해서는 화성행 로켓에 곧바로 탑승하기는 쉽지 않아 보인다.

정체를 알 수 없는 대상은 사람으로 하여금 호기심과 두려움을 불러일으키는 존재다. 넓게 트인 운동장이나 들판에서조

호기심이 두려움을 압도하는 사람이 화성으로 가는
우주선에 탑승할 수 있다.

차 눈을 감으면 한발 앞에 무엇이 있을지 모르기 때문에 마음 놓고 걸음을 옮기기 어렵다. 한편으로는 모르기 때문에 호기심이 생기기도 한다. 하루가 다르게 발전하는 네트워크 기술로 뒤덮여가는 도시가 인공지능으로 무장하고 누구도 예상하지 못하게 초지능의 시대를 앞당길지도 모른다. 알 수 없는 미래를 바라보는 사람들의 관점에는 정도만 다를 뿐 호기심과 두려움이 공존한다.

막막하지만 피할 수 없는

지금도 남아메리카에서는 아마존 유역을 중심으로 50개 정도의 부족이 외부와 단절된 방식의 삶을 이어가고 있다. 콜롬비아의 원주민인 누칵족은 50~60명 단위의 소규모 집단을 이루어 수렵과 채집을 하며 계절에 따라 이동하는 패턴의 삶을 살아간다. 이들은 자신들의 삶의 방식을 이어가고 싶어 한다.

수렵과 채집은 고된 방식의 삶 같지만 생태계가 온전히 보존된 환경이라면 오히려 식량 확보에 시간을 덜 써도 된다. 실제로 지금까지 수렵과 채집으로 살아가는 부족들은 일하는 시간보다 여가 시간이 더 많아 대부분 놀이를 하거나 조상들에게서 전해져오는 이야기를 하며 시간을 보낸다.[23]

수렵채집 생활을 하는 누칵족은 아직 0차 산업혁명조차 시작하지 않았다. 100년만 시계를 과거로 돌려도 이들의 경쟁자는 밀림의 다른 부족이었겠지만 지금 그들은 전혀 다른 종류의 사람들과 경쟁한다. 코카인 제조업자, 좌익 게릴라, 우익 무장단체, 콜롬비아군 등이 경쟁자다. 누칵족이 이들과 전면적으로 맞붙게 된다면 그 싸움에서 이기기는 요원해 보인다.

브라질에 사는 부족인 아와족은 외부와 단절된 사회를 유지하며 살아왔다. 부족원 300명 중 60명 정도는 외부와 완전히 차단되어 있고 누칵족과 마찬가지로 순전히 수렵과 채집에 의존해서 살아간다. 그러나 아마존 유역이 개발되면서 이들 또한 생존의 위협을 받는다. 아와족을 위협하는(혹은 아마존을 놓고 경쟁하는) 존재는 누칵족의 경쟁자와는 다른 부류인 벌목업자들이다. 아와족이 겪는 고충은 단순히 밀림이 사라지면서 삶의 터전이 줄어드는 데서 멈추지 않는다. 벌목업자들은 벌목에 방해가 되면 원주민에 대한 폭력이나 살인도 서슴지 않는다.

누칵족이나 아와족의 경쟁자는 적어도 3차 산업혁명까지의 기술로 무장했고 머지않아 4차 산업혁명의 수혜를 입은 기술과 장비를 갖출 사람들이다. 원시 형태의 삶을 유지하고픈 사람들 앞에 닥친 문제는 산업혁명에 뒤따르는 본질적 특징 중 하나를 보여준다. 바로 일자리 문제다. 이들 부족이 외부의 경쟁자들로부터 영향을 받게 되면 어떤 방식이든 기존과 다른 방식으로 생활해 나가야 한다. 새로운 직업이 필요한 것이다.

아와족 주민 중 일부는 부족 사회를 벗어나 브라질 사회에 흡수되기로 결심했다. 이들은 0차에서 2차 산업혁명을 건너뛰어 3차 산업혁명이 물결치는 새로운 사회에 도전하기로 한 것이다. 누칵족이나 아와족 정도는 아니더라도 비슷한 상황에 처한 사람들을 세계 여러 곳에서 찾아볼 수 있다. 이제 막 농경의 기계화가 진척되는 미얀마의 농촌, 전기가 보급되기 시작한 케냐의 시골 마을, 인터넷이 변화시키는 인도의 뭄바이같이 1차, 2차, 3차 산업혁명의 물결이 이제야 들이닥친 곳이 많다.

수렵과 채집으로 먹거리를 구하던 이들이, 온라인 쇼핑몰에서 고기와 채소를 주문하고 다음 날 새벽 택배상자가 문 앞에 배송되어 있는 걸 보면 어떤 생각이 들까? 이들이 맞닥뜨린 새롭고 낯선 선택지가 주게 될 혼란과 두려움을 짐작하기란 어렵다. 그 막막함은 4차 산업혁명의 변화를 맞닥뜨린 도시인들에게도 여지없이 찾아온다.

4차 산업혁명도 여느 산업혁명과 마찬가지로 사람들에게 새로운 직업을 택하라는 압력을 넣는다. 인공지능과 사물인터넷이 적용될 분야(대부분의 분야일 가능성이 높다)에 근무하는 사람들이 가장 먼저 자신의 일자리가 사라질 수도 있다는 위기감을 느낀다. 새로운 직업을 가지려면 인공지능을 배워야 하고 사물인터넷을 다루는 지식과 기술을 습득해야 한다. 학생들은 아무도 배워본 적이 없는 새로운 과목을 공부해야 하고 교사는 스스로도 모르던 것을 배우면서 가르쳐야 하는 상황이다.

인공지능과 자동화가 주도하는 4차 산업혁명이 가져올 일자리에 대한 우려는 이미 현실적으로 문제시 되고 있다. 옥스퍼드 이코노믹스는 2030년까지 중국의 1400만 개 일자리를 포함해서 전 세계적으로 2000만 개의 일자리가 자동화로 인해 사라질 것이라 예상한다. 한국도 예외가 아니다. 지역별 산업 분포의 특성 때문에 사라지는 일자리의 종류는 지역별 편차가 크게 나타날 것으로 예상한다. 일자리가 없어질 가능성이 가장 높은 도시는 대구, 인천, 울산 순이었고 가장 낮은 도시는 서울, 전남, 강원도의 순이었다.

한편 영국 정부는 단순직일수록 일자리가 사라질 위험이 높다고 분석했다. 2019년에 발간한 보고서에서는 식당 종업원, 소매점 점원, 판매직 등이 사라질 가능성이 가장 높은 직종으로 꼽혔고 의료와 교육 관련 직종이 가장 영향을 덜 받을 것으로 예상되었다. 사라지는 일자리의 대부분은 여성 일자리라는 관측도 있다. 매킨지 글로벌 인스티튜트에 의하면 2030년까지 전 세계에서 4000만 명에서 1억 6000만 명에 이르는 여성 근로자의 일자리가 위협 받을 것으로 예상된다. 점원, 비서, 사서 등은 특히 영향을 받는 업종이며 이들 직종 근무자의 72퍼센트는 여성이다.

이런 전망에 더해 경영자들의 입장은 그 두려움을 더욱 고조시킨다. 보스턴컨설팅은 자동화에 의한 비용 절감 효과가 40퍼센트에 이를 것으로 파악했으며 2019년 전 세계 1300명 이

전문적 기술이 필요한 직업조차
신기술에 의해서 순식간에 사라지기도 한다.

상의 고위 경영자를 대상으로 한 조사에서 중국 경영자의 67퍼센트와 미국 경영자의 50퍼센트가 향후 5년간 고용자 수가 줄어들 것으로 예상하고 있었다.

미국의 구직자들은 5명에 1명꼴로 인공지능으로 인해 하루

아침에 직장을 잃지 않을까 우려하고 있다. 갤럽과 노스웨스턴 대학교가 미국, 캐나다, 영국에서 1만 명이 넘는 사람을 대상으로 실시한 조사 결과는 인공지능에 대한 인식이 복합적임을 보여준다. 세 나라 모두에서 사람들은 인공지능으로 인해 만들어지는 일자리보다 사라지는 일자리가 많을 것이라고 생각했다. 이에 90퍼센트가 넘는 응답자들이 지속적으로 필요한 교육을 받는 것이 중요하다고 답했다.

흥미로운 점은 미국과 영국, 캐나다 사이에 미묘한 인식 차이가 존재한다는 사실이다. 영국과 캐나다에서는 이런 흐름에 대처하기 위해 팀워크와 창의성 같은 '인간적' 기술이 중요하다고 생각하는 응답자가 60퍼센트였고 수학, 과학, 코딩 등의 실제적 기술이 중요하다는 응답이 40퍼센트 정도였으나 미국에서는 이 비율이 50 대 50이었다.

그러나 한편에선 인공지능이 창출하는 일자리가 사라지는 일자리를 상쇄하고도 남는다는 예측도 있다. 매킨지 글로벌 인스티튜트는 정부와 산업 차원에서 많은 투자가 필요하기는 하지만 2030년까지 미국의 일자리 수는 오히려 증가하리라고 예상했다. 2018년 세계 경제 포럼도 2022년까지 전 세계적으로 7500만 개의 일자리가 사라지지만 1억 3300만 개의 일자리가 만들어질 것이라는 내용의 보고서를 발간했다.

실제로 미국에서 5000만 개 이상의 채용공고를 분석한 결과 2018년에 인공지능으로 인해 사라진 일자리보다 만들어진 일자리가 3배 많았다. 모바일 앱 개발자(186퍼센트 증가)와 고경력 데이터 분석가(340퍼센트 증가) 등이 대표적이다.

자료를 바탕으로 보면 현재까지는 사람들이 우려하는 것과 달리 사라지는 일자리보다 만들어지는 일자리가 오히려 더 많다. 물론 단순직일수록 사라질 가능성이 높고 새롭게 만들어지는 일자리는 지속적 교육이 필요한 기술직일 것이다. 그렇다 해도 갤럽의 조사 결과에서 막연한 불안을 밀어내고 한 가닥 희망을 엿볼 수 있다. 많은 사람들이 우려하는 것처럼 자동화나 인공지능이 가져올 변화가 실제로는 그렇게 어둡지만은 않다는 것이 지금까지의 추세다. 앞으로도 긍정적이고 능동적 대응이 유일하고 합리적 방향이라는 점을 또 한 번 상기하게 된다.

빨라지는 발걸음

인공지능과 사물인터넷이 완비된 도시의 분위기가 지금과 얼마나 달라질까? 단순히 도시의 풍경을 떠올려보면 빌딩 숲 사이로 자동차 행렬이 빼곡하고 그 사이로 난 인도에 수많은 사람들이 분주하게 오가는 모습이 그려진다. 교외 지역에 비해서 확연히 복잡한데다 사람들의 움직임도 빠르게 느껴진다.

이와 관련해 대도시 사람들의 걸음이 더 빠른지 연구한 사례가 있다. 이 연구에 의하면 인구가 늘어남에 따라 걷는 속도도

도시의 인구가 늘어날수록 사람들의 걷는 속도가 더 빨라진다.
하지만 도시에는 빠른 걸음을 붙잡는 요소도 많다.

함께 빨라지고 있었고 그 증가율에 일정한 규칙성도 나타났다. 걷는 속도가 인구 증가에 따라 규칙적으로 빨라진다는 연구 결과는 도시가 커지면서 사회관계망 관련 요소들이 증가한 결과와 매우 유사하다. 도시의 규모가 커지는 것보다 좀 더 높은 비율로 걷는 속도가 빨라졌다.

이런 현상이 나타나는 원인으로는 경제적 이유가 첫손에 꼽힌다. 도시가 커질수록 임금수준과 물가수준이 높아지는 경향이 있기 때문에 결과적으로 시간이 금이 된 것이다. 사람들은 시간을 절약하기 위해 빨리빨리 움직이는 것이다. 너무나 단순

빨리 가고 싶으면 브레이크를 안 밟아야 할 것 같지만 통계적으로 보면 과속을 많이 하는 차가 브레이크를 많이 밟고 사고도 더 잦다.

하고 직관적 분석이라고 생각할 수 있겠지만 1999년에 31개 국가의 도시에서 사람들의 걷는 속도를 비교한 연구도 동일한 결론을 얻었다. 한편 경제적으로 활발한 도시일수록 젊은 연령층의 인구 비율이 높다는 점도 이런 결과에 영향을 미친 것으로 보인다.

2007년 리처드 와이즈먼Ricahrd Wiseman의 책 『괴짜심리학Quirklogy』에는 도심부의 보행 속도를 바탕으로 흥미로운 연구가 실려 있다. 와이즈먼은 1990년대의 연구와 동일한 방식으로 보행자들의 속도를 측정했는데 걷는 속도가 빠른 도시일수록 타인을 덜 돕고 관상동맥 질환이 많은 경향이 있었다. 그렇다고 느리게 걷는 사람이 타인을 더 많이 돕고 관상동맥 질환이 줄어든다는 것은 아니다.

1990년대에 비해 도시에서의 보행 속도가 무려 10퍼센트나 증가한 것으로 나타난 이 연구 결과는 혼란스러움을 불러온다. 도시인구가 점점 늘어나는 상황임을 고려하면 도시인의 발걸음은 더 빨라질 것이고 그럴수록 세상은 더 각박해진다는 게 아닌가.

새로운 네트워크가 속속 도입되고 인공지능이 효과적으로 사용되는 스마트시티라면 목적도 결과도 경제적으로 더 풍요로운 곳이어야 한다. 주민과 기업에게 기회를 제공하고 더 많은 혜택을 주는 것을 목표로 하는 스마트시티는 필연적으로 경제적으로 더 활력이 넘치는 곳을 지향한다. 하지만 아무리 경제적으로 번영하는 도시라고 해도 사람들이 뛰어다니지는 않을 것이다. 사람의 걷는 속도가 높아지는 데는 분명히 한계가 있다. 우리의 발걸음은 정말 계속 빨라지기만 할까?

피할 수 없으면 즐기자

인류의 지식과 기술은 항상 이전까지의 성취를 바탕으로 새로운 성취가 더해지는 형태로 변해왔고 사람들은 이런 패턴을 발전이라고 불렀다. 그런데 지금 세대는 다음 세대가 어떤 모습의 삶을 살게 될지 가늠할 수 없다.

19세기 이전까지만 해도 적어도 한국 사람들은 자식 세대가 어떻게 살아갈지 예측할 수 있었다. 자신과 부모 세대의 삶의 방식이 같았고 자식들 역시 물려받은 집과 재산, 신분을 유지하며 살아갈 것이 자명했다. 농경사회에서 사람들이 생각하는 미래의 불확실성은 자연재해와 전쟁을 비롯한 정치적 격변 정도다. 그런 변화를 겪고 나서도 당시 사람들은 원래의 모습으로 살아갔을 것이다.

그러나 지금은 누구도 불과 10년 뒤 자신이 어떻게 살고 있을지 확신하기 어렵다. 하루 종일 곁에 두고 있는 스마트폰을 과연 그때도 들고 다닐까? 자동차를 운전하기 위해 운전면허를 따야 할까? 암과 치매로 노후를 고통스럽게 보내게 될까? 거리의 모든 사람이 마스크를 쓰고 있을까?

크게 보면 동시대를 살고 있는 인류에게 변화의 바람은 공평하게 찾아오지 않는다. 그러나 시대의 변화란 아프리카 누 떼의 대이동과 비슷하다. 평원에서 한가롭게 풀을 뜯는 수만 마리의 누 떼를 움직이는 건 쉽지 않다. 하지만 그중 건기가 오고 있음을 느낀 한 마리의 누가 첫 걸음을 옮기고 이내 다른 누들이 그 뒤를 따르면서 누 떼의 대이동이 시작된다. 이들은 새로운 풀을 찾아 1600킬로미터를 이동한다. 출발은 느리지만 대이동이 절정에 이르면 누 떼는 최고 80킬로미터의 속도로 달린다. 이들

아프리카 초원에 살고 있는 25만여 마리의 누 떼는 매년 7~8월과 11~12월에 탄자니아와 케냐를 오가며 대이동을 한다.

이 지나간 자리에는 거대한 흙먼지와 무수한 발자국들 그리고 무리의 속도를 따라가지 못해 쓰러진 누의 사체가 남는다.

변화에 대한 두려움에는 나는 적응하지 못할 수도 있다는 우려가 깔려 있다. 의지가 있어도 여건에 따라 적응 과정이 힘겨울 수 있다. 거시적 관점에서 사회 전체를 바라본다면 시간이 흐름에 따라 전체는 적응한 상태에 이르겠지만 개인의 위치는 다를 것이다.

그러나 그 과정을 회피하는 것은 합리적이라고 보기 힘들다. 사람의 일자리를 기계가 대체할까봐 기계를 부숴버리는 건 부질없는 행동이다. 새로운 환경은 기회도 함께 가져온다. 자연의 본질은 변화와 적응이고 누구도 이 굴레에서 벗어날 수는 없으므로 변화가 오고 있다면 회피하지 말고 예의주시할 필요가 있다. 그리고 그 여정이 1600킬로미터 떨어진 곳일지라도 자신이 속한 무리의 움직임에 맞춰 걸음을 옮기고 서서히 속도를 맞추는 편이 합리적인 선택이다.

인공지능이 이끄는 미래는 사람들에게 뇌를 더 쓰라고 요구한다. 정보가 중심이 된 세상에서는 자료를 분석해서 문제를 해결하는 지능을 더 활용해야 한다. 인공지능이 내놓은 결과가 인간의 사고로 파악할 수 없다고 그대로 받아들이는 데 익숙해지기보다는 누군가는 끊임없이 그 과정을 파고들 필요도 있다. 해킹으로 나의 정보가 유출되었을 때 손 놓고 어쩔 수 없다는 태도를 보이기보다는 나의 개인정보를 수집해간 기관이나 업체에

소방차나 구급차가 먼저 지나갈 수 있도록 길을 양보하는 사람들의 시민의식은 전 세계 곳곳에서 일상적으로 만날 수 있다.

응당한 조치를 요구하는 것도 필요하다. 그런 목소리가 네트워크에 쌓이면 새로운 결과물이 창출된다.

사람들의 발걸음이 빨라져서 주변에 도움이 필요한 사람들을 못 보고 지나치는 경우가 늘어날지 몰라도 그럴 수 있다는 것을 인지하고 있는 것은 완전히 다른 결과로 이어질 수 있다. 도움이 필요한 사람을 향해 누군가 한 사람이 다가가 걸음을 멈추면 이상한 일이 벌어지기도 한다. 바쁘게 지나치던 사람들이 관심을 갖고 모여들어 위기에 처한 사람을 구하는 감동적 순간은 종종 일어나고 있다. 인공지능은 적어도 아직까지는 산출할 수 없는 그런 일들 말이다.

시대의 변화에 맞춰 첫발을 내딛기는 쉽지 않을지 몰라도 일단 속도를 높여가면 멈추기도 쉽지 않다. 지나간 곳에 커다란 흔적을 남기는 누 떼의 움직임과 유사하다. 4차 산업혁명도 마찬가지다. 피할 수 없으면 즐겨야 하고 혼자 즐기기 어렵다면 함께 즐기는 방법을 찾으면 되지 않을까.

EPILOGUE

스마트'폰'에서 스마트'시티'로

오늘날 필요한 정보는 인터넷에서 대부분 무료로 찾을 수 있다. 하지만 입맛에 꼭 맞는 형태로 손쉽게 얻기는 힘들다. 마트에 가면 온갖 식재료를 구할 수 있지만 같은 재료로 만든 음식도 어떻게 만드느냐에 따라 맛도 영양도 전혀 달라진다. 재료만 준비되면 누구나 손쉽게 맛있고 건강에도 좋은 음식을 뚝딱 만들어낼 수 있다면 좋겠지만 생각만큼 쉽지 않은 일이다. 조리라는 과정을 통해서 재료를 음식으로 바꾸어야 하는데 이 과정에서 커다란 차이가 만들어진다. 물론 그럴듯한 조리 따위 잊어버리고 오늘은 하루 종일 생선만 먹고, 내일은 곡식만 먹고, 모레는 채소만 먹어도 살아갈 수는 있을 것이다. 하지만 그래서야 삶이 즐거울 수 있을까.

인터넷에 아무리 정보가 많다고 해도 자신이 필요로 하는 다양한 정보를 효과적으로 입수하기란 생각보다 어렵고 시간과 노력이 든다. 정보는 넘쳐나지만 아직까지 원하는 정보를 찾고 필요에 맞게 정리해서 내어주는 기술은 나오지 않았다. 책은 그런 면에서 정보를 정리해서 제공하는 역할을 한다. 비유하자면 인터넷은 마트고 책은 조리하는 데 필요한 레시피라고 생각한다. 싱싱한 재료로 만든 음식을 맛보고자 하는 독자들에게 이 책이 제공하는 레시피가 도움이 되기를 바라는 마음이다.

우주가 138억 년 전에 탄생한 것인지는 확실치 않아도 우주가 끝없이 팽창하는 건 입증된 사실이다. 여기에 비추어보면 변화는 자연의 근본이다. 하지만 인간은 지금이 만족스럽다면 대체로 외부에 의한 변화를 반기지 않는다. 아마 인간이 에너지를 만들어내지 않고 소비하는 존재이기 때문일 것이다. 주위 환경의 변화에 대응하려면 어떤 형태로든 에너지가 필요한데 스스로의 의지와 무관하게 외부에서 기인한 변화에 대응하려고 지금까지 어렵게 장만한 에너지를 써버리기는 아쉬울 수밖에 없다. 하지만 끊임없는 변화에 대응하고 적응하는 것이야말로 생명체의 본업이다.

다른 사람에게 전해 듣거나 글로 기록된 일은 직접 겪은 일에 비해 실감이 나지 않는다. 여러 시기에 걸쳐 전쟁이 있었고, 과학이 발달했고, 산업혁명이 일어났고, 경제 위기가 번지는 등의 모든 일에 대응하기 위해 당시를 살았던 수많은 사람들은 엄청난 에너지를 쏟아 부어야 했다. 이런 외부적 변화는 끊임없이 일어났다. 하지만 그건 모두 과거의 일이자 관념적인 남의 일일

뿐 현실적으로 나의 일, 나의 사정은 아니다.

그러므로 오늘을 살고 있는 사람들에게는 자신에게 앞으로 어떤 변화가 다가올지, 다가올 변화에 어떻게 대응해야 할지가 중요한 관심사다. 경제는 어떻게 될지, 신기술이 자신의 일자리를 위협하지 않을지, 정치적 격변이 일어나지 않을지, 앞으로 무슨 사건이 일어날지 등에 촉각을 곤두세운다. 미래를 정확하게 예측하기란 사실상 불가능하지만 사회가 어느 방향으로 움직이고 있는지는 조금만 관심을 기울이면 짐작할 수 있다. 그런 면에서 보면 아마 누구라도 인공지능이 한때의 유행으로 끝날 것 같지 않다는 느낌이 들 것이다.

인공지능이 만드는 미래는 어떤 모습일까? 먼저 익숙한 장면부터 떠올려보자. 오늘날 은행이나 관청의 민원 창구는 거의 붐비지 않는다. TV의 일기예보를 기다리는 사람도 없고 드라마 열혈 애호가가 아니라면 본방송 시간을 놓치지 않으려고 밤길을 달리지도 않는다. 가장 빠르게 혹은 가장 저렴하게 목적지까지 가는 길은 언제든 확인할 수 있다. 이 모든 변화를 만들어낸 주인공은 최고의 장난감이라는 레고조차 가장 위협적인 경쟁자라고 꼽는 스마트폰이다.

손에 들고 다니는 도구가 똘똘해진 것이 스마트폰이라면 스마트시티는 똑똑해진 도시다. 머지않아 사람의 말을 알아듣고 대화하고 글을 쓰는 기계가 보급되어 곳곳에 설치되고, 어쩌면 운전대가 필요 없는 자율주행 자동차가 등장해서 운전면허

따위 필요 없이 누구나 목적지에 갈 수 있으며, 교통의 흐름을 최적으로 조절하며, 강력 사건이나 사고가 발생하면 누군가의 신고를 기다리지 않아도 구급차와 경찰이 출동하는 것이 가능해질 것이다. 이런 스마트시티에서는 엄청난 양의 정보가 지속적으로 취득되고, 전송되고, 처리되고 보관된다. 이 역할의 핵심은 인공지능이고 스마트시티는 인공지능이 능력을 발휘하기에 적합한 환경이다. 인공지능에게 필요한 데이터는 스마트시티가 제공하고, 스마트시티에서 만들어지는 방대한 데이터를 처리하고 활용하는 데 가장 적합한 것이 인공지능이다. 이 둘은 서로 상승작용을 불러일으키는 환상의 복식조다.

손바닥 안에 들어오는 스마트'폰'이 거의 모든 사람의 삶의 모습을 바꾸었으니 '폰'보다 압도적으로 크고 복잡하며 다양한 '시티'가 스마트해질 때 만나게 될 변화의 폭은 상상이 가지 않는다. 이처럼 지금껏 없던 것이 등장하고 익숙하던 도시는 겉은 비슷할지언정 속은 변모하고 있는데 그저 넋 놓고 있어도 별 무리가 없는 것일까?

커다란 변화는 누군가의 체계적인 계획에 의해서 이루어지는 것이 아니다. 혁신적인 기술이 만들어내는 작은 변화가 쌓이고 그에 대한 대응이 함께 누적되면서 거대한 흐름을 만들어낸다. 지금의 세대는 예정된 항로도, 정해진 선장도 없이 인공지능이라는 바람과 스마트시티라는 파도가 만들어내는 거센 물결을 가르는 배에 함께 타고 있는 셈이다.

기술의 변화는 언제나 인간관계의 형태를 바꾼다. 인스턴트 메신저와 자동차에서 세탁기에 이르기까지 모든 혁신적 기술은 그 시대의 인간관계를 변화시켰다. 인공지능과 스마트시티 역시 사람들 사이의 관계를 어떻게든 바꿀 것이다. 또한 사람과 사회를 더욱 철학적으로 바라보게 만들 것이고 그 점이 매력이기도 하다. 지금까지 가졌던 공통의 가치관에 대한 성찰과 새로운 사회적 합의의 필요성도 부각될 것이다. 인공지능이나 스마트시티의 설계자들이 그런 의도를 가졌을 리는 만무하다는 것을 떠올려보면 흥미로운 일이다.

스마트한 도시, 스마트한 사회에서 인공지능을 상대하며 살아갈 수밖에 없는 시대를 살아가야 한다면 이를 기회로 활용할 방법을 찾을 필요가 있다. 선장 없는 배에서는 호기심으로 두려움을 이겨야 배의 키를 잡을 수 있다. 호기심이 결국 두려움을 이기는 것이 인간의 본성이라는 점이 다행으로 여겨지는 이유다.

주

1 기독교권의 수많은 나라에서 George, Georg, Giorgio, Geroges, Georgi, Jorge, Joris 등 각기 다른 이름으로 불린다.

2 https://homepages.uc.edu/~thomam/Implications_IT/pdf/ch7/ai_judge_juries.pdf

3 장 디디에 뱅상, 『뇌 한복판으로 떠나는 여행』, p.456.

4 후쿠오카 신이치, 『동적 평형』, p.28.

5 미야케 요이치로 외, 『인공지능 70』, p.85.

6 https://www.ibm.com/cloud/learn/strong-ai

7 https://plato.stanford.edu/entries/chinese-room/

8 https://www.nickbostrom.com/ethics/ai.html

9 https://csteps.asu.edu/ants-algorithms

10 후쿠오카 신이치, 『생물과 무생물 사이』, p.143.

11 Nick Bostrom, 『Superintelligence: Path, Dangers, Strategies』, 2014.

12 리처드 도킨스, 『이기적 유전자』, p.322.

13 에쿠앙 켄지, 『도구와의 대화』, p.211.

14 앨버트 라슬로 바라바시, 『링크』

15 마크 뷰캐넌, 『우발과 패턴』, p.78.

16 W. 데이비드 스티븐슨, 『초연결』

17 http://fruitandnuteducation.ucdavis.edu/generaltopics/Tree_Growth_

Structure/Alternate_Bearing/

18 제프리 웨스트, 『스케일』, p.348.

19 https://www.nature.com/articles/467912a

20 https://images.samsung.com/is/content/samsung/p5/global/business/networks/insights/white-paper/who-and-how_making-5g-nr-standards/who-and-how_making-5g-nr-standards_KR.pdf

21 https://www.energy.gov/sites/prod/files/2015/09/f26/bto_common_definition_zero_energy_buildings_093015.pdf

22 https://www.scientificamerican.com/article/e-waste-dump-among-top-10-most-polluted-sites/

23 래리 고닉·앨리스 아웃워터, 『세상에서 가장 재미있는 지구환경』

읽을거리

『구보씨와 더불어 경성을 가다』, 조이담, 박태원, 바람구두
『나는 누구인가』, 리하르트 다비트 프레히트, 21세기북스
『뇌 한복판으로 떠나는 여행』, 장 디디에 뱅상, 해나무
『단위로 읽는 세상』, 김일선, 김영사
『도구와의 대화』, 에쿠앙 켄지, 한국디자인포장센터
『독일 지리학자가 담은 한국의 도시화와 풍경』, 에카르트 데게, 푸른길
『동적 평형』, 후쿠오카 신이치, 은행나무
『라이프 3.0』, 맥스 테그마크, 동아시아
『링크』, A.L. 바라바시, 동아시아
『미래를 꿈꾸는 엔지니어링 수업』, 권오상, 청어람
『미래의 도시』, 사이언티픽 아메리칸 편집부, 한림출판사
『사피엔스』, 유발 하라리, 김영사
『서울은 깊다』, 전우용, 돌베개
『세상에서 가장 재미있는 지구환경』, 래리 고닉, 앨리스 아웃워터, 궁리
『슈퍼인텔리전스』, 닉 보스트롬, 까치

『스케일』, 제프리 웨스트, 김영사
『에너지의 과학』, 사이언티픽 아메리칸 편집부, 한림출판사
『에레혼』, 새뮤얼 버틀러, 김영사
『우발과 패턴』, 마크 뷰캐넌, 시공사
『이기적 유전자』, 리처드 도킨스, 을유문화사
『이성의 한계』, 다카하시 쇼이치로, 책보세
『인간 본성에 대하여』, 에드워드 윌슨, 사이언스북스
『인공지능』, 사이언티픽 아메리칸 편집부, 한림출판사
『인공지능70』, 미야케 요이치로, 모리카와 유키히토, 제이펍
『인류의 미래』, 미치오 카쿠, 김영사
『일본제국주의, 식민지 도시를 건설하다』, 하시야 히로시, 모티브
『특이점이 온다』, 레이 커즈와일, 김영사
『초연결』, W. 데이비드 스티븐슨, 다산북스

PHOTO CREDITS

028p 에드먼드 벨라미의 초상: ©Obvious | 북앤포토

032p 인공지능 감정인식 앱: ©Fraunhofer Institute for Integrated Circuits IIS | 북앤포토

115p 갈색 개미 연구: ©Prof. Stephen Pratt, Arizona Sate University | 북앤포토

175p 수도권 광역전철 노선도 2020: ©Seoul Metro

213p 버추얼 싱가포르: ©National Research Foundation(NRF), Prime Minister's Office, Singapore | 북앤포토

242p <매일신보>에 실린 경성의 <전차급행운전안내>: ©국립중앙도서관

253p 포트 콜린스의 2020년 9월 7일과 8일의 모습: ©A. Scott Denning | 북앤포토

282p 코페르니쿠스 센티넬-2 위성이 촬영한 덴마크의 2017년 7월과 2018년 7월의 모습: ©contains modified Copernicus Sentinel data (2017-18), processed by ESA, CC BY-SA 3.0 IGO

298p 긴급 차량에게 양보하는 사람들: ©James Boardman, Alamy Stock Photo | 북앤포토

그 외 셔터스톡, EBS

지능 전쟁
SUPERINTELLIGENCE

1판 1쇄 발행 2020년 12월 28일

지은이 김일선

펴낸이 김명중
콘텐츠기획센터장 류재호 | **북&렉처프로젝트팀장** 유규오
북팀 김현우, 장효순, 최재진 | **북매니저** 전상희 | **마케팅** 김효정
기획·책임편집 고래방(최지은, 원영인) | **디자인** 말리북(최윤선, 정효진)
제작 공간 | **일부 사진 진행** 북앤포토

펴낸곳 한국교육방송공사(EBS)
출판신고 2001년 1월 8일 제2017-000193호
주소 경기도 고양시 일산동구 한류월드로 281
대표전화 1588-1580 **홈페이지** www.ebs.co.kr

ISBN 978-89-547-5674-7 04400
ISBN 978-89-547-5667-9 (세트)